Farina Graßmann

Wunderwelt Totholz

Gedruckt auf
100% Recyclingpapier

Wunderwelt Totholz

Unterwegs im Lebensraum von Waldkauz, Hirschkäfer und Holunderschwamm

Entdeckt und fotografiert von Farina Graßmann

pala verlag

Inhalt

Herzlich willkommen in der Wunderwelt Totholz

Entgegen seinem Namen steckt Totholz voller Leben. Ob klein oder groß, ob Tier, Pilz oder Pflanze – dort wohnen unzählige Arten. Wen die Neugier gepackt hat, der begegnet diesem wundervollen Lebensraum überall: im Wald, im Garten und sogar im dahinplätschernden Bach.

Die Arbeit an diesem Buch hat mich in die unterschiedlichsten Regionen Deutschlands geführt. In die Berge im Nationalpark Eifel genauso wie ans Meer im Nationalpark Vorpommersche Boddenlandschaft. Ich habe mich auf die Suche nach den Totholzbewohnern begeben. Zu ihnen gehört der beeindruckende Hirschkäfer. In mehreren Bundesländern habe ich nach dem größten und vielleicht auch schönsten heimischen Käfer Ausschau gehalten. Fündig geworden bin ich am Ende sozusagen vor meiner Haustüre: im Herzen des Ruhrgebiets.

Doch nicht nur Sympathieträger wie der Hirschkäfer zählen zu den Bewohnern. Auch Borkenkäfer sind mit ihrem berüchtigten Appetit ein Teil der komplexen Wohngemeinschaft. Unermüdlich produzieren sie Totholz. Damit sorgen sie für Lebensraum und Nahrung und enden beizeiten selbst auf dem Teller anderer Waldbewohner. Der Schwarzspecht baut unablässig Höhlen in die Stämme der Bäume. Die harte Arbeit macht hungrig, da kommen die proteinreichen Käfer gerade recht. Nach und nach schält er auf der Suche nach den Leckerbissen die Rinde ab, bis schlussendlich nur ein nackter Stamm zurückbleibt.

Die Baumskelette haben der Kraft der Stürme nichts entgegenzusetzen. Über kurz oder lang stürzen sie auf den Waldboden herab. Dort finden sie unter einer kuscheligen Decke aus Moos ihre letzte Ruhestätte. Der farbenfrohe Feuersalamander nutzt tagsüber dieses dunkle Versteck, bis er in der Nacht zu seiner Wanderung durch den Wald aufbricht. Dabei ist er nicht alleine, auch der Waldkauz, der den Tag in einer Baumhöhle verschlafen hat, begibt sich in der Dunkelheit auf die Suche nach Beute.

Das bunte Treiben im und auf dem Totholz findet größtenteils im Verborgenen statt. Auf meinen Streifzügen bin ich Menschen begegnet, die mit vollem Einsatz daran arbeiten, diesen oft unterschätzten Lebensraum zu erhalten – zum Beispiel indem sie Kopfweiden pflegen und dadurch für die Zukunft erhalten.

Die Geschichten der Totholzbewohner sind so vielfältig wie das Totholz selbst. Dieses Buch erzählt von ihnen und ihren Lebensräumen, die in gemeinschaftlicher Arbeit fortwährend neu geschaffen werden.

Ich wünsche viel Freude beim Lesen und spannende Entdeckungen in der Wunderwelt Totholz.

Farina Graßmann

Totholz

Was ist Totholz?

Totholz hat viele Gesichter. Der Begriff beschreibt sowohl komplette stehende als auch liegende Bäume. Ebenso werden abgestorbene Teile von lebenden Bäumen als »Totholz« bezeichnet. Die Bandbreite reicht von dünnen Zweigen bis hin zu dicken Stämmen. Je nach der Art des Holzes, seiner Lage und seinem Umfang, dem Grad der Zersetzung sowie der Menge an Feuchtigkeit und Wärme entstehen vollkommen unterschiedliche Lebensräume.

Das Sterben eines Baumes beginnt oft lange vor seinem Tod. In Rissen, Spalten, Taschen und Höhlen schreitet seine Zersetzung voran. In zweierlei Hinsicht ist Totholz alles andere als tot: Zum einen ist sein Vorkommen nicht auf abgestorbene Bäume beschränkt, sondern erstreckt sich auch auf lebende. Zum anderen regt sich mit dem Sterben des Baumes neues Leben in ihm. Holzhungrige Pilze legen den Grundstein für ein neues Haus, das schnell Handwerker und Mieter anlockt. Pilze, Pflanzen und Tiere leben und arbeiten darin Hand in Hand. Das macht Totholz zu einem – leider oft unterschätzten – Lebensraum für zahlreiche Arten. Und es kann noch mehr: Als Speicher von Wasser und Kohlenstoff wirkt es sich vorteilhaft auf das Klima im Wald und außerhalb des Waldes aus.

Totholz im Wald

Das letzte Stadium im Leben eines Baumes ist das Sterben. In einem natürlichen Wald gehört es genauso dazu wie das Wachsen. In den Urwäldern Osteuropas wurde Totholz in einer Menge von 50 bis 200 Kubikmeter pro Hektar gefunden. In sehr alten Waldteilen zählte man sogar 400 Kubikmeter pro Hektar. Würde man dieses Totholz durch die bekannten gelben Telefonzellen austauschen und den Wald durch ein standardmäßiges Fußballfeld, befänden sich zwischen 15,5 und 124 Telefonzellen auf dem Rasen. Zum

Vergleich: In Deutschlands Wäldern liegt die Menge an Totholz im Durchschnitt bei etwa 29 Kubikmetern pro Hektar (Bundeswaldinventur 2022). Damit ist der Totholzvorrat zwar deutlich gestiegen (Bundeswaldinventur 2012: 21 Kubikmeter), bleibt jedoch weiterhin deutlich unter den Mengen natürlicher oder urwaldartiger Wälder. Überträgt man diese Menge auf unser gedachtes Fußballfeld, entspräche sie ungefähr neun Telefonzellen aus Holz.

Zentrale Rolle beim Klimaschutz

Zersetztes Totholz ist ein ausgezeichnetes Keimbett. Denn es bietet Pflanzen sowohl Nährstoffe als auch Feuchtigkeit. Aufgrund seiner Eigenschaft, sehr viel Wasser speichern zu können, verringert Totholz das Austrocknen des Bodens und sorgt durch die allmähliche Verdunstung für Abkühlung. Damit kann es bei Hitze und Trockenheit ausgleichend wirken. Das lockt feuchtigkeitsliebende Tiere wie Amphibien an. Je dicker das Totholz ist, desto stabiler ist das Mikroklima im Inneren. Deshalb ist der Erhalt von dicken Baumstümpfen und Baumstämmen besonders wichtig.

Totholz speichert nicht nur Wasser, sondern auch Kohlenstoff. Doch wie kommt dieser in das Holz? Bäume nehmen Kohlenstoffdioxid (CO_2) aus der Luft und Wasser (H_2O) aus dem Boden auf und erzeugen daraus mithilfe von Licht Sauerstoff (O_2) und Kohlenstoff (C) in Form von Traubenzucker ($C_6H_{12}O_6$).

Durch diesen als *Fotosynthese* bekannten Prozess speichert der Wald hierzulande geschätzt 3,2 Milliarden Tonnen Kohlenstoff (Destatis 2026). Aufgrund der unterschiedlichen molaren Masse sind das umgerechnet über 11,7 Tonnen Kohlenstoffdioxid! Somit hat der Wald eine zentrale Rolle beim Klimaschutz. Vor allem alte Bäume und Baumbestände sorgen für eine *Kohlenstoffsenke,* indem sie mehr Kohlenstoffdioxid aufnehmen als abgeben.

Kohlenstoff macht etwa die Hälfte der Masse vom Holz aus. In forstwirtschaftlich nicht genutzten Wäldern bleibt er so lange eingelagert, bis der Baum eines natürlichen Todes stirbt und in seine Bestandteile zersetzt wird. Ein Teil des Kohlenstoffs wird dabei in Form von Kohlenstoffdioxid freigesetzt, ein Teil wird im Humus in den Boden aufgenommen. Gelangt mehr Licht auf den Boden, zum Beispiel infolge von Windwurf oder Abholzung, werden zahlreiche Organismen durch die steigende Bodentemperatur zu einem erhöhten Abbau des Humus angeregt. Dadurch wird Kohlenstoffdioxid freigesetzt und der Wald kann von einer *Kohlenstoffsenke* zu einer *Kohlenstoffquelle* werden, also mehr Kohlenstoffdioxid abgeben als aufnehmen. Somit ist es wichtig, dass unsere Wälder naturnah bewirtschaftet werden (siehe ab Seite 20 und Seite 22).

Die Gabelung eines Stammes wird auch »Zwiesel« genannt.
Stirbt ein Stamm, kann der andere dennoch weiterleben.

Waldzyklus

Der Wald wandelt sich fortwährend. Das Leben der in ihm wachsenden Bäume reicht vom Keimen bis zum Tod. Anhand von Phasen kann man die Lebensabschnitte der Bäume beschreiben. Dazu gehören die Verjüngungsphase, die Dickungsphase und die Optimalphase sowie die Alterungsphase und die Zerfallsphase. Sie können durch weitere Phasen ergänzt und unterteilt werden.

In der *Verjüngungsphase* entsteht eine neue Baumgeneration. Der Waldboden ist vom zarten Grün unzähliger Keimlinge bedeckt. Sie befinden sich in einem Wettstreit um das wenige Licht, das im Wald natürlicherweise zur Verfügung steht. Die großen Bäume bilden ein dichtes Blätterdach, das nur einen Bruchteil der Sonneneinstrahlung zum Boden durchlässt. In ihrem Schatten wächst die nächste Generation langsam, manchmal nur einen Zentimeter pro Jahr. Erst wenn durch abgebrochene Äste oder umgestürzte Bäume ein Loch in das Blätterdach gerissen wird, ist ihre Zeit gekommen. Jetzt bietet ihnen das langsame Wachstum einen Vorteil: Ihr Stamm ist stabil, aber dennoch flexibel. Das macht sie widerstandsfähiger gegenüber Verletzungen und Fäulnis.

In der *Dickungsphase* wachsen die jungen Bäume weiter in die Höhe und bilden ihrerseits ein geschlossenes Blätterdach. Nicht alle Keimlinge haben es bis hierhin geschafft. Doch die Gewinner des Wettkampfs haben in der *Optimalphase* genug Platz und Licht, um zur vollen Größe heranzuwachsen.

Mit dem Beginn der *Alterungsphase* steigt die Beliebtheit des Baumes als Wohnraum. Altholz und Totholzstrukturen (siehe ab Seite 35) locken zahlreiche Arten an. Während es im Baum allmählich lebendiger wird, beginnt das Leben aus ihm selbst zu weichen. Er hat holzzersetzenden Pilzen immer weniger entgegenzusetzen. Je tiefer die Pilze in das Holz vordringen, desto schwächer werden die Bäume, bis sie schließlich ins Wanken geraten. Die letzte Phase im Leben der Bäume wird *Zerfallsphase* genannt. Mit dem Zerfall der toten Riesen bildet sich der Nährboden, den die nachwachsende Generation benötigt. Damit beginnt der Zyklus neu.

Habitattradition

Natürlicherweise bildet der Wald ein Mosaik aus den verschiedenen Entwicklungsphasen. Dort können Arten mit unterschiedlichen Bedürfnissen nebeneinander leben. Das sorgt nicht nur für eine hohe Artenvielfalt, sondern kann auch das Überleben anspruchsvoller Arten sichern.

Vor allem Urwaldreliktarten (siehe Seite 47) haben eine enge Bindung an eine bestimmte *Habitattradition.* Darunter versteht man das kontinuierliche Vorhandensein von bestimmten Baumarten, Totholzstrukturen und Altholzstrukturen. Habitattraditionen gibt es nicht nur in Wäldern. Auch in Parks bieten jahrhundertealte Bäume eine lange Tradition. Dort konnten spezialisierte Arten den Wandel, der sich in den Wäldern durch die forstwirtschaftlichen Maßnahmen vollzog, überleben.

Waldzyklus im Wirtschaftswald

In Wirtschaftswäldern, in denen die Bäume von der Pflanzung an mit Licht versorgt sind, erreichen sie schneller ihre Endgröße. Das ist in der Regel der Zeitpunkt, zu dem sie gefällt werden. Denn von nun an nehmen ihre Größe und damit ihr wirtschaftlicher Wert nur noch langsam zu. Gleichzeitig steigt das Risiko für Schädigungen. Durch das frühe Fällen erreichen die Bäume nur einen Bruchteil ihrer Lebensspanne. Buchen werden im Alter von 120 bis 140 Jahren und Kiefern im Alter von 100 bis 120 Jahren gefällt. Dabei können beide Baumarten im Durchschnitt bis zu 300 Jahre alt werden. Hierzulande gibt es sogar Buchen, die über 500 Jahre auf der Rinde haben!

In Wirtschaftswäldern sind nicht nur alte, strukturreiche Bäume Mangelware. Auch einen natürlichen Waldzyklus gibt es nicht. Dadurch sind Lebensräume, die erst in der Alterungsphase und Zerfallsphase entstehen, eine Seltenheit. Die Aussichten für auf Totholz spezialisierte Arten sind düster.

Neben den Bewohnern der Bäume gehen auch viele Bodenlebewesen leer aus. Denn Wälder funktionieren nach dem Prinzip der *Kreislaufwirtschaft.* Über ihr weitverzweigtes Wurzelgeflecht nehmen die Bäume Nährstoffe und Wasser aus dem Boden auf. Das sind die Treibstoffe für ihr Wachstum – Treibstoffe, die im Gegensatz zum Kraftstoff in einem Verbrennungsmotor nicht verloren gehen, sofern die Baumstrukturen nicht aus dem Wald entnommen werden. In einem natürlichen Wald leihen sich die Bäume die Nährstoffe vom Waldboden aus. Mit ihrem natürlichen Ableben geben sie zurück, was sie sich genommen haben. Das Totholz wird von den Bodenlebewesen zerkleinert und die enthaltenen Nährstoffe werden in den Kreislauf zurückgeführt.

Dieser über Jahrtausende bewährte Prozess der *Selbstdüngung* wird vom Menschen ins Wanken gebracht. Indem wir Bäume fällen und ihr Holz nutzen, unterbrechen wir den Kreislauf. Gerne wird es als Maßnahme gegen die Verschwendung beworben, wenn die Bäume vollständig verwendet werden. Das sogenannte Waldrestholz beinhaltet die bei der Fällung anfallenden Reste, die als nicht verwertbar gelten. Dazu gehören der Baumstumpf, die Krone, dünne Äste und Zweige, die Rinde sowie von Fäule betroffene Stellen. Heute wird oft auch dieses Restholz genutzt, zum Beispiel als Brennholz, Rindenmulch oder Hackschnitzel. Das verstärkt den schleichenden Verlust von Nährstoffen im Waldboden. Die Nutzung der Bäume einzuschränken, ist also keinesfalls verschwenderisch, denn im Wald bedeutet *ungenutzt* alles andere als *nutzlos.*

Um den natürlichen Stoffkreislauf zu erhalten, sind die unterschiedlichen Altersstrukturen und Totholzstrukturen auch in Wirtschaftswäldern von großer Bedeutung.

Wie viel Totholz braucht der Wald?

Pro Hektar Wald wird heute überwiegend eine Menge von 20 bis 50 Kubikmeter Totholz empfohlen. Vor wenigen Jahrzehnten sah das noch anders aus: In dem Verständnis eines aufgeräumten Waldes hatte Totholz lange Zeit keinen Platz. Auch heute noch haben es anspruchsvolle Arten schwer. Die Zitronengelbe Tramete, ein seltener Urwaldpilz, braucht mehr als 120 Kubikmeter pro Hektar. Dagegen ist der Eremit, ein ebenfalls seltener Urwaldkäfer, zwar nicht auf eine große Menge, dafür aber auf eine lange Tradition an Totholz angewiesen. Nach beidem müssen sie in unseren Wäldern lange suchen. Um sie und andere anspruchsvolle Arten zu bewahren, braucht es zum einen totholzreiche Wälder, zum anderen die Vernetzung dieser Wälder mithilfe von Altholzinseln und Habitatbäumen (siehe Seite 56).

Der Verfall von sterbenden und gestorbenen Bäumen ist nicht nur für Tiere, Pflanzen und Pilze wichtig. Auch die anderen Bäume profitieren davon. Denn mit jedem Baum, der im Wald durch die Gemeinschaft der Organismen zerkleinert und zersetzt wird, bekommen die Nachbarbäume und Nachwuchsbäume mehr Nährstoffe. Dieser Nährstoffkreislauf wird dort unterbrochen, wo wir Menschen Holz aus dem Wald holen. Jeder Nutzungsverzicht – ob von privaten oder staatlichen Waldbesitzern – nutzt dem Wald und seinen Bewohnern.

Der Lebensraum Totholz ist bedroht, denn der natürliche Kreislauf ist unterbrochen. In vielen Wäldern fehlt es an Nachschub: Sterbende und schwache Bäume zerfallen nicht am Waldboden zu nährstoffreichem Mulm (siehe Seiten 44, 76), sondern werden gefällt und weggeräumt. Zu unwirtschaftlich seien sie. Zu gefährlich, nicht nur für die Menschen im Wald, sondern auch für die jungen und gesunden Bäume. Denn wo Totholz liegt, seien die Schädlinge nicht weit. Diese Denkweise prägt das Gesicht vieler Wälder.

Doch es hat ein Wandel begonnen. Nachdem lange Zeit die Vorstellung herrschte, ein gesunder Wald bestünde nur aus gesunden Bäumen, beurteilt man die Gesundheit eines Waldes heute zunehmend nach der Lebensgemeinschaft in ihm. Und für die ist Totholz sehr wichtig.

Verantwortlich für den schlechten Ruf von Totholz sind vor allem Borkenkäfer wie der Buchdrucker (siehe ab Seite 81). Denn oft haben Waldbesitzer Angst, dass sich der berüchtigte Käfer mithilfe von Totholz vermehren könnte. Tatsächlich besiedelt er zwar vor allem geschwächte, noch lebende Bäume,

Bilder links: In den Wäldern der Nationalparks Harz (oben) und Schwarzwald (unten) hat Totholz seinen Platz.

doch auch in kürzlich abgestorbenen Bäumen kann noch eine neue Borkenkäfergeneration heranwachsen. Totholz, das schon länger im Wald liegt oder steht, wird vom Buchdrucker hingegen nicht mehr besiedelt.

In einem natürlichen Wald schafft der Buchdrucker Eintrittspforten für andere Insekten, Pilze und Bakterien, die das Holz zersetzen. Damit fördern diese Arten die Gesundheit des Waldes. Denn durch die Zersetzung werden im Holz eingelagerte Nährstoffe allmählich freigesetzt. Ein nährstoffreicher Boden beherbergt deutlich mehr Mikroorganismen, die organisches Material zersetzen und den Boden lockern, als ein nährstoffarmer Boden. Dadurch kann mehr Wasser aufgenommen und gespeichert werden. Das ist nicht nur für die Gesundheit der Bäume wichtig, sondern auch für ihr Wachstum und somit die wirtschaftliche Leistungsfähigkeit des Waldes.

Durch Totholz werden also die Wuchsbedingungen für die jungen und gesunden Bäume verbessert und die Holzbildung bei älteren Bäumen wird gesteigert. Doch es gibt einen Haken: Während Borkenkäfer in einem

Im schützenden Totholz von Stämmen und Baumstümpfen wachsen die Larven des Schwarzfleckigen Zangenbocks über Jahre heran.

natürlichen Wald die Gesundheit des Ökosystems und die Vielfalt der Arten fördern, können sie einem naturfern bewirtschafteten Forst schaden. In der Forstwirtschaft sind Borkenkäfer berüchtigt, weil sie der am häufigsten angepflanzten Baumart – der Fichte – gefährlich werden können. Denn in den Fichtenplantagen, die vielerorts in Deutschland angelegt wurden und noch immer werden, haben die Käfer leichtes Spiel einerseits, einen geschwächten Baum zu finden, und andererseits, von dort aus die restlichen Bäume zu besiedeln. Dadurch bekommen sie die Möglichkeit, einen kompletten Forst absterben zu lassen. Die Folge ist nicht nur ein wirtschaftlicher, sondern auch ein ökologischer Schaden. Denn durch das Absterben der Fichten gelangt zu viel Licht auf den Boden. Das ist ein Problem für den nährstoffreichen Humus (siehe Seiten 12, 76) und die nachwachsenden Bäume, die ohne schattenspendende Nachbarbäume zwar schnell, aber nicht stabil heranwachsen. Warum wir den Buchdrucker dennoch nicht als Schädling betrachten sollten, wird in dem ihm gewidmeten Kapitel beantwortet.

Wo bleibt die Natur im Wald?

»Natur Natur sein lassen« – dieses Motto, geprägt von Hans Bibelriether, dem langjährigen Leiter der Nationalparkverwaltung Bayerischer Wald, gilt offiziell nur auf etwa 0,6 Prozent der terrestrischen Fläche Deutschlands. Diese 214 588 Hektar sind als Nationalparks unter Schutz gestellt. Hinzu kommen 833 271 Hektar, die von der Nordsee und Ostsee bedeckt sind. In Nationalparks steht die ungestörte Entwicklung der Natur im Vordergrund. Damit stellen sie wertvolle Rückzugsgebiete für Arten dar, die über Jahrzehnte oder Jahrhunderte gewachsene Lebensräume benötigen. Bewegen sie sich über die Nationalparkgrenzen hinaus, stehen sie einer Landschaft gegenüber, in der sich die Natur der Nutzung durch den Menschen unterordnen muss. Lebewesen, die auf Totholz angewiesen sind, suchen in unserer aufgeräumten Kulturlandschaft oft vergeblich nach einem Platz zum Leben.

Wirtschaftswälder schmücken sich gerne mit dem Begriff der *naturnahen Waldwirtschaft*. Doch vielerorts – sogar in Schutzgebieten – verleihen aufgetürmte Baumstämme, aufgewühlte Rückegassen und von schweren Maschinen beschädigte Bäume dem Waldbesuch einen unangenehmen Beigeschmack. *Wie viel dürfen wir dem Wald schaden, wenn wir ihn nutzen?* Diese Frage beschäftigt längst nicht nur Forstleute. Denn die Antwort betrifft uns alle: Der Wald ist unsere grüne Lunge, unser ruhiger Erholungsort, unser schützender Speicher für Wasser und Kohlenstoff, unser lebendiges Erbe für kommende Generationen.

Wem gehört der Wald?

Etwa 48 Prozent der deutschen Waldfläche sind in privater Hand (laut Bundeswaldinventur 2022). Jeder Waldbesitzer kann auf die Holznutzung zugunsten des Naturschutzes verzichten. In seiner Entscheidung liegt es, ob sein Wald zum Paradies für Waldkäuze, Feuersalamander und Hirschkäfer wird.

Auch als Gesellschaft können wir uns für einen Wandel einsetzen – vor allem, wenn es darum geht, wie der Wald vor unserer Haustüre bewirtschaftet wird. Denn öffentlicher Wald bedeutet nichts anderes, als dass jedem von uns ein Stückchen Wald gehört – zumindest im übertragenen Sinne. Mit lauter Stimme und langem Atem können wir positive Akzente bei der Nutzung setzen.

Der Darßer Wald gehört zum Nationalpark Vorpommersche Boddenlandschaft.
Die dort wachsenden alten Baumriesen brachten ihm den Namen »Darßer Urwald« ein.

Die Stadt Lübeck ist zum Beispiel eine jener Waldbesitzer, die das Konzept einer »naturnahen Waldnutzung« umsetzen. Das stadteigene Forstamt wurde von der Bürgerschaft einstimmig beauftragt, den Wald unter Prozessschutz zu stellen. Seit Jahrzehnten werden dort bewirtschaftete und nicht bewirtschaftete Bereiche kombiniert. Auch wo Forstwirtschaft betrieben wird, sollen die natürlichen Abläufe in den stadteigenen Wäldern erhalten bleiben. So kann ein wertvoller Lebensraum mit einem stabilen Kleinklima entstehen.

Zugleich hat die Stadt Lübeck – wie zahlreiche andere Waldbesitzer in ganz Deutschland – gezeigt, dass sich eine naturnahe Bewirtschaftung auch wirtschaftlich lohnen kann. Das Lübecker Konzept zielt darauf ab, wenige, dafür aber dickere Bäume, die mehr Holz liefern, zu fällen und teurer zu verkaufen. Die Förster greifen möglichst wenig ein und fördern stattdessen die Entwicklung einer natürlichen Waldgesellschaft. Dieses Konzept hat sich nicht nur als Bereicherung für die Artenvielfalt erwiesen, sondern auch als wirtschaftlich profitabler gegenüber konventionell bewirtschafteten Forsten.

Naturnahe Waldnutzung und Prozessschutz

Bei naturnaher Waldnutzung dient die Natur als Vorbild für die wirtschaftliche Nutzung des Waldes. Der Lübecker Stadtwald gilt als Ausgangspunkt für die damit verbundenen Grundsätze. Sie beinhalten den Vorrang von Baumarten, die sich von Natur aus durchsetzen würden. Nichtheimische Bäume zu pflanzen und Monokulturen anzulegen, schließen sie aus. Um die natürlichen Prozesse zu schützen, sollen nur kleine Eingriffe vorgenommen werden. Das bedeutet, auf Kahlschläge zu verzichten und nur einzelne Bäume oder kleine Baumgruppen zu fällen.

Die naturnahe Waldnutzung ist nicht nur ökologisch, sondern auch wirtschaftlich vorteilhaft. Zum einen ist das Risiko für Verluste bei naturfern angelegten Forsten höher: Bei Fichten liegt der Anteil der Bäume, die aufgrund von Krankheit, Insektenbefall oder Windwurf nicht das Erntealter erreichen und damit nicht mit Maximalgewinn vermarktet werden können, sogar bei etwa 50 Prozent. Zum anderen sind auch die Kosten höher: Während Aufforstung aufgrund der Anpflanzung und Pflege teuer ist, kostet Naturverjüngung nichts.

Unter »Prozessschutz« versteht man das Aufrechterhalten natürlicher Prozesse zum Schutze der Natur. Dazu gehört im Ökosystem Wald, das Altern, Sterben und Zerfallen der Bäume zuzulassen (siehe Seite 13). Somit haben Totholz und der damit verbundene Nährstoffkreislauf einen zentralen Stellenwert. Prozessschutz soll nicht einen gewünschten Zustand erhalten, sondern natürliche dynamische Prozesse ermöglichen, die zu nicht genau vorhersehbaren Zuständen führen. Prozessschutz kommt vor allem in den Kernzonen von Nationalparks zur Anwendung.

Was nehmen wir dem Wald?

In einem natürlichen Wald, wo Bäume ohne unser Zutun altern, sterben und durch neue ersetzt werden, finden sich im Laufe der Jahrhunderte alle erdenklichen Altersstrukturen. Doch um die steigende Nachfrage nach Holz zu befriedigen, werden vielerorts Plantagen, noch dazu aus nicht heimischen Nadelbäumen, angelegt. Das zugrundeliegende forstwirtschaftliche Ziel einer *effizienten Holzproduktion* scheitert allerdings immer häufiger an Stürmen, Dürren oder Borkenkäfern. Durch solche Umwelteinflüsse kann das wackelige Konstrukt menschengemachter Forste im wahrsten Sinne des Wortes schlag-

Bild rechts: Totholz bildet artenreiche Inseln im Wald. Die darin gespeicherte Feuchtigkeit und seine Nährstoffe nutzen der nächsten Waldgeneration als Keimbett.

artig zum Einsturz gebracht werden. Wir sollten diese Zeichen der Natur zum Anlass nehmen, unsere Forste wieder in naturnahe Wälder umzuwandeln. Um das zu erreichen, müssen wir den starken Nutzungsdruck, der heute auf Forsten und Wäldern lastet, deutlich verringern. Damit schaffen wir die Voraussetzungen dafür, dass sich das Ökosystem regenerieren kann und wir auch in Zukunft die wertvolle Ressource Holz nutzen können.

Heute verbrauchen wir deutlich mehr Holz, als hierzulande geerntet wird. Der jährliche Verbrauch liegt in Deutschland (laut Rohstoffmonitoring Wald 2018, FNR) bei über 127 Millionen Kubikmeter Holz. 59,9 Millionen Kubikmeter werden energetisch genutzt (Climate Change. Aktuelle Nutzung und Förderung der Holzenergie 2022, UBA). Zum Vergleich: Im Jahr 2024 wurden in Deutschland 61,2 Millionen Kubikmeter Holz eingeschlagen (Holzmarktbericht 2025, BMEL). Somit wurde mengenmäßig fast das gesamte Holz, das aus den deutschen Wäldern geholt wurde, verfeuert. Der Rest gelangt über Importe zu uns. Gelöst wird diese Problematik, die durch die hohe Nachfrage

entsteht, damit nicht, nur verlagert. Davon sind nicht nur die tropischen Regenwälder betroffen. Auch die letzten Urwälder in Europa geraten mehr und mehr in Bedrängnis. Illegale Fällungen, zum Teil in großen Mengen und gedeckt von Behörden, sind nichts, was es nur in sogenannten Entwicklungsländern gibt. Auch in Europa häufen sich solche Fälle.

Zum Beispiel haben in Rumänien gesetzeswidrige Fällungen für Aufsehen gesorgt. Im Herzen der Karpaten finden sich große Teile der verbliebenen Urwälder Europas. Dazu gehören auch Buchenurwaldgebiete, die von der UNESCO als Weltnaturerbe ausgezeichnet wurden. Korruption und unzureichende Kontrollen bieten die Grundlage für – oft illegale – Fällungen. Allein in den Jahren 2013 und 2014 verschwanden unrechtmäßig mindestens eine Million Kubikmeter Holz aus den rumänischen Wäldern, auch Nationalparks und andere Schutzgebiete sind davor nicht sicher. Der tatsächliche Einschlag ist sehr gewiss deutlich höher. Die europäische Holzhandelsverordnung verbietet seit 2013 den Handel mit illegal geschlagenem Holz innerhalb der EU. Dennoch gibt es bislang kaum Kontrollen, die helfen, das Ausmaß solch illegalen Tuns zu begrenzen.

Zum Erhalt der Wälder dieser Erde kann jeder ohne großen Aufwand beitragen. Ein erster Schritt ist das *Recycling,* das zwar oft Erwähnung findet, aber leider noch immer kein Standard ist. Gerade im Bereich der Verbrauchsgegenstände – von Papier für Drucker und Kopierer über Taschentücher und Küchenrollen bis hin zu Toilettenpapier – könnte mit dem Wechsel auf Recyclingpapier ein großer Fortschritt gemacht werden. Ein weiterer Schritt ist das *Upcycling* sowie die lange Nutzung von Gebrauchsgegenständen. Sich zu fragen: »Kann ich diesen Gegenstand gebraucht kaufen statt neu?« – und: »Ist es überhaupt notwendig, diesen Gegenstand zu kaufen, oder kann ich ihn mir auch leihen?« hilft, den Holzverbrauch zu verringern.

Damit haben wir die Nutzung der Wälder ein stückweit selbst in der Hand. Und auch kleine Schritte führen ans Ziel. Daher lasst uns gemeinsam viele kleine Schritte tun.

Bild rechts: Spechtspuren am Stamm

Vom lebenden Baum zum Totholz

Ähnlich wie bei uns Menschen gibt es auch bei Bäumen eine Phase des Wachstums. Auf seinem Höhepunkt steht der Baum in der Blüte seines Lebens. Ist sie vorbei, beginnt der Verfall.

In der Wachstumsphase bildet der Baum einen für den Menschen bedeutenden Rohstoff: das Holz. Doch was ist Holz eigentlich? Wie verläuft der Verfall eines Baumes, wenn er nicht vorzeitig vom Menschen gefällt und genutzt wird? Und wer ist dafür verantwortlich, dass ein Baum überhaupt zerfällt? Diesen und weiteren Fragen sind die folgenden Seiten gewidmet.

Woraus besteht Holz?

Holz besteht im Wesentlichen aus drei Bestandteilen: Cellulose, Hemicellulose und Lignin.

Die *Cellulose* stellt den Hauptbestandteil dar. Es handelt sich um unterschiedlich lange Fasern, die wiederum zu dickeren Strängen verbunden sind. Dick ist hier allerdings relativ zu verstehen. Denn ein Strang aus 20 Cellulosefasern hat einen Durchmesser von nur zehn bis 30 Nanometern. Sogar ein dünnes menschliches Kopfhaar ist etwa 2000-fach dicker!

Zwischen den Cellulosefasern befindet sich die *Hemicellulose.* Sie verbindet die Fasern miteinander. Gemeinsam bilden sie ein zwar flexibles, aber nicht stabiles Gerüst.

Für die nötige Stabilität und Druckfestigkeit des Holzes sorgt das *Lignin.* Wie ein Kleber legt es sich um die Cellulose und Hemicellulose. Es ermöglicht die Verholzung und damit das beeindruckende Wachstum von Bäumen.

Der Baum von außen nach innen

Die Borke – Gesicht des Baumes

Die Borke ist das Gesicht eines Baumes. Auf sie blicken wir als Erstes, wenn wir einem Baum gegenüberstehen. Sie ist seine schützende Rüstung. Wird sie verletzt, haben holzzersetzende Pilze, Insekten und Bakterien leichtes Spiel. Deswegen versucht der Baum bei Verletzungen, den Schutz schnellstmöglich wiederherzustellen. Hierbei hilft ihm vor allem Feuchtigkeit. Er durchfeuchtet

Wird die Borke verletzt, haben holzzersetzende Pilze, Insekten und Bakterien leichtes Spiel (links). Baumstümpfe sind ein wertvoller Lebensraum für Insekten, deshalb begeben sich dort viele Tiere auf die Nahrungssuche (rechts).

die Wunde, sodass den holzzersetzenden Pilzen die Puste ausgeht. Denn sie brauchen Luft zum Wachsen. Im Laufe der Jahrzehnte und Jahrhunderte hinterlassen Verletzungen Narben in der Borke, an denen wir die Geschichte des Baumes ablesen können.

Das Kambium – Bildung von Gewebe

Im Kambium, einer dünnen Schicht zwischen der Rinde und dem Holz, wird neues Gewebe gebildet. Dadurch entsteht nach innen Holz, das Splintholz, und nach außen Bast – der Baum wächst in die Breite. Der Bast ist die innerste Schicht der Rinde. Im Gegensatz zur äußersten Schicht, der Borke, ist sie lebendig.

Im Bast fließt das Leben: Vor allem Zucker, genauer gesagt Saccharose ($C_{12}H_{22}O_{11}$), wandert von den Blättern in die Wurzeln. Sie ist das Tauschmittel für die Wasser- und Nährstoffversorgung durch die Wurzeln. In entgegengesetzter Richtung werden im Splintholz Wasser und Nährstoffe nach oben transportiert. Auch die Mykorrhizapilze, die sich als dichtes Geflecht um die Feinwurzeln legen, gehen nicht leer aus. Wie ein Schwamm saugen sie Wasser und Nährstoffe aus dem Boden auf und geben sie an die Wurzeln weiter. Als Lohn bekommen sie etwas von den Kohlenhydraten ab. Indem das Kambium ständig für neues Bastgewebe sorgt, wandert das alte allmählich nach außen. Dort stirbt es schließlich ab und wird zur Borke.

Das Kernholz – Achillesferse des Baumes

Tief im Inneren hat der Baum eine Schwachstelle: das Kernholz. Es wird vom Splintholz umgeben. Jedes Jahr bildet das Kambium neue Zellen für das Splintholz. Nach dem Beginn der Vegetationszeit sind die Zellen groß, im Laufe des Jahres werden sie kleiner und dunkler, bis der Baum das Wachstum im Herbst einstellt. Im nächsten Frühling setzen erneut große, helle Zellen an die kleinen, dunklen aus dem Vorjahr an. Dadurch sind die Grenzen der Jahresringe deutlich sichtbar. Jedes Jahr, wenn außen im Splintholz ein Ring

entsteht, wird innen ein Ring trockengelegt und in Kernholz umgewandelt. Diese Trockenlegung birgt ein Risiko: Sie nimmt dem Baum die Waffe gegen holzzersetzende Pilze. Weil er die Feuchtigkeit dort nicht aktiv steuern kann, sind Pilze im Kernholz besonders gefährlich für ihn. Um sich zu schützen, lagern einige Arten in den trockengelegten Ringen Stoffe ein, die gefräßigen Gästen den Appetit verderben sollen. Doch es gibt Pilze, die solch mangelnde Gastfreundschaft nicht abschreckt.

Holzzersetzende Pilze

Während Pilze und Baum an den Wurzeln zum gegenseitigen Vorteil zusammenarbeiten, kommt es bei Pilzen an Stamm und Ästen zum handfesten Kampf. Ohne flüchten zu können, steht der Baum einem riesigen Aufgebot gegenüber. Mehr als 1200 Pilzarten können ihm insgesamt gefährlich werden.

Zur Vermehrung entlassen Pilze Sporen in die Luft: In 150 Litern Luft, das entspricht dem Volumen einer durchschnittlichen Badewanne, können sich bis zu 1500 Pilzsporen befinden. Wenn die schützende Rinde verletzt ist, nutzen holzzersetzende Pilze ihre Chance. Oft wird der Baum von mehreren Pilzarten gleichzeitig besiedelt. Das führt zu Konflikten: zwischen den Pilzen um die besten Plätze und zwischen dem Baum und den Pilzen um das Überleben. Sind sie erst im Kernholz angekommen, hat der Baum ihnen nichts mehr entgegenzusetzen. Die Zersetzung seines Inneren beginnt.

Weißfäule und Rotfäule

Bei Weißfäule bauen Pilze alle drei Hauptbestandteile des Holzes (siehe Seite 26) gleichmäßig ab. Da Holz hauptsächlich aus Cellulose besteht, bleibt davon bis zum Schluss etwas übrig. Deshalb wird das Holz faserig und fast weiß. Je nachdem, in welcher Reihenfolge die Bestandteile abgebaut werden, unterscheidet man verschiedene Formen der Weißfäule.

Die Rotfäule ist eine Unterform der Weißfäule. Dabei wird vor allem Lignin abgebaut. Ihren Namen hat sie aufgrund der anfänglichen bräunlichen bis rötlich braunen Verfärbung des Holzes. Neben Wundfäule gilt vor allem der Gemeine Wurzelschwamm *(Heterobasidion annosum)* als Verursacher. Dieser Pilz erreicht den Baum über Verletzungen an der Rinde und den Wurzeln.

Bild links: Zahlreiche Insekten leben im Totholz und hinterlassen dabei ihre Spuren. In dieser Birke der Große Birkensplintkäfer *(Scolytus ratzeburgii)*.

Der Verlauf des Verfalls

Vom Baum bis zum zersetzten Holz braucht es viel Zeit und Arbeit. Man unterteilt drei Phasen:

In der *Besiedlungsphase* erobern die ersten Handwerker das Holz. Insekten wie der Borkenkäfer und die Holzwespe bohren Löcher und lockern die Rinde. Das erleichtert anderen Insekten die Arbeit und öffnet Pilzen den Weg. Man schätzt, dass ohne diese Eintrittspforten durch Insekten die anschließende Holzzersetzung durch Pilze und Bakterien doppelt so lange dauern würde. Diese Vorarbeit machen sich auch Spechte beim Höhlenbau zunutze, denn das pilzbesiedelte Holz ist weicher und somit kräftesparender zu bearbeiten. Nebenbei fällt auch der eine oder andere proteinreiche Snack für sie ab.

In der *Zersetzungsphase* löst sich die Rinde vom Baum, Zweige und Äste brechen ab und das zarte Geflecht der Pilze dringt immer tiefer in das Holz vor. Es ist die Nahrung für zahlreiche Totholzinsekten. In kurzer Zeit ist der Baum durchlöchert wie ein Schweizer Käse. Die Insekten haben Gänge gebohrt, um ihre Eier im Holz abzulegen. Ihr Nachwuchs entwickelt sich direkt in der Speisekammer. Das ist überlebenswichtig, denn er muss sich

Der Nachwuchs der Riesenholzwespe *(Urocerus gigas)* hinterlässt kreisrunde Löcher (links).
Diese Wespe gehört zu den Insekten, die ihre Eier mithilfe eines Bohrstachels in das Holz legen.
ie Holzwespen-Schlupfwespe *(Rhyssa persuasoria)* parasitiert als natürlicher Gegenspieler dieser Wespe deren Larven (rechts).

von klein auf selbst versorgen. Sobald er sich vom Ei in eine Larve verwandelt hat, legt er seinerseits Gänge an, um sich dabei durch das verpilzte Holz zu futtern. Das lockt räuberische Insekten an. Ihr Nachwuchs findet wenig Gefallen an der pflanzlichen Kost. Stattdessen werden die emsig futternden Larven kurzerhand selbst zur Nahrung – eine Speisekammer in der Speisekammer sozusagen.

Nachdem der Baum jahrzehntelang als Kinderstube, Wohnzimmer und Speisekammer gedient hat, fällt er zusehends in sich zusammen. Das Holz hat sich in lockeren, nährstoffreichen Mulm verwandelt. In dieser *Humifizierungsphase* zerkleinern und zersetzen Bodenlebewesen wie Würmer, Schnecken, Asseln, Tausendfüßer und Milben den Mulm. Für die Feinarbeit sind Pilze und Bakterien gefragt, die das zerkleinerte Material weiter in seine Bestandteile zerlegen können. Am Ende bleibt von einem Jahrhunderte alten Baum allein Humus zurück. Er bildet den Nährboden für die nächsten Baumgenerationen.

Bild links: Was gestern noch ein Riss im Baumstamm war, ist heute eine natürliche Wasserstelle – entstanden durch den Sturz eines geschwächten Baumes.

Totholz kann auch natürliche Brücken bilden.

Totholzstrukturen

Der Begriff der Totholzstrukturen vereint die Gesamtheit des Totholzes in seinen vielfältigen Formen und Phasen. Totholz findet sich nicht nur an toten, sondern auch an lebenden Bäumen. Es umfasst ganze Bäume genauso wie einzelne Äste. Diese Vielfalt der Totholzstrukturen spiegelt sich auch in der seiner Bewohner wider. Wer die Strukturen kennengelernt hat, kann bei einem Spaziergang im Wald dessen Potenzial als Lebensraum für die verschiedensten Arten erkennen.

Was ist Altholz?

Der Begriff »Altholz« bezeichnet in der Forstwirtschaft einen Bestand, dessen Bäume die sogenannte Hiebsreife oder Schlagreife erreicht haben. Ein Baum ist hiebsreif, wenn sein Stamm den für die Fällung angestrebten Durchmesser aufweist, und ein Bestand ist hiebsreif, wenn dessen Bäume diesen Durchmesser im Durchschnitt haben. Durch den Erhalt sogenannter *Altholzinseln* können die Bäume weiter altern und der Anteil an Totholz kann sich zugunsten der Vielfalt und Gesundheit des Waldes und seiner Bewohner weiter erhöhen.

Bild links: Totholz bremst in fließenden Gewässern die Wassergeschwindigkeit und verändert die Stömungsverläufe. Davon profitieren beispielsweise renaturierte Arme großer Flüsse, wie der hier abgebildete Altrhein in der Urdenbacher Kämpe.

Totes und lebendes Holz Seite an Seite

Stehendes Totholz

Ein abgestorbener Ast, ein ausgehöhlter Stamm, eine schlecht verheilte Verletzung der Rinde: All das zählt zum stehenden Totholz.

Im Laufe seines Lebens wächst der Baum auf der Suche nach Licht in die Höhe und in die Breite. Je dichter das Blätterdach in der Krone wird, desto weniger Licht kommt bei darunter liegenden Blättern an. Diese Äste und Zweige verlieren ihre Funktion und sterben ab. In diesem Moment ist der Baum ein leichtes Opfer für Pilze. Er wehrt sich auf die einzige ihm zur Verfügung stehenden Weise: Er schottet den Ast vom Stamm ab und überwallt ihn. Konnte der Pilz das Kernholz jedoch vorher erreichen, haben die letzten Jahre – oder Jahrzehnte – für den Baum geschlagen.

Stümpfe

Auch Stümpfe und Hochstümpfe – das sind Stümpfe mit einer Höhe von mehr als 1,3 Meter – zählen zum stehenden Totholz. Ein charakteristischer

Birken *(Betula)* haben eine kurze Lebensdauer im Vergleich zu anderen Baumarten (links).
Kohlmeisen *(Parus major)* suchen in Bruchstellen nach Nahrung und Nistmöglichkeiten (rechts).

Erzeuger von Hochstümpfen ist der Zunderschwamm (siehe ab Seite 113). Er sorgt oft dafür, dass die von ihm besiedelten Bäume in fünf bis zehn Meter Höhe abbrechen. In Bodennähe ist es feuchter, weiter oben am Stamm trockener. Als Faustregel gilt: Je dicker und höher ein Stumpf ist, desto größer ist die Artenvielfalt in und auf ihm. Denn vielfältige klimatische Bedingungen locken Bewohner mit ganz unterschiedlichen Bedürfnissen an. Zu ihnen zählt die unscheinbare Ameise genauso wie der imposante Hirschkäfer.

Splitterbäume

Ein ähnliches Aussehen, aber eine andere Entstehungsgeschichte haben Splitterbäume. Die Kraft eines Sturmes kann auch gesunde Bäume bezwingen. Bricht der Stamm, fächert sich die Bruchstelle in lange Splitter. Sie können mehrere Meter lang sein und dienen Zaunkönigen als Nistplatz, Eichhörnchen als Speisekammer und Fledermäusen als Versteck.

Liegendes Totholz

Bricht ein Ast ab und kippt der Stamm um, wird aus dem stehenden Totholz liegendes Totholz. Am Boden wird es unmittelbar von der sich darin befindenden Feuchtigkeit beeinflusst.

Äste und Zweige

Wie beim stehenden gilt auch beim liegenden Totholz die Faustregel: Je vielfältiger das Kleinklima, desto artenreicher sind die Bewohner. Deswegen ist der Abbruch einer Baumkrone für die Artenvielfalt im Wald ein Glücksfall. Bleibt sie im Ganzen bestehen, liegen die Äste der einen Seite auf dem Boden, während die Äste der anderen Seite in die Höhe ragen. Somit können sich darin sowohl feuchtigkeitsliebende Arten im Untergeschoss als auch Arten, die Wärme und Trockenheit lieben, im Obergeschoss tummeln.

Ein besonderes Klima entsteht, wenn liegendes Totholz in eine Laubschicht eingebettet ist. Sie sorgt für eine gleichbleibende Feuchtigkeit. Auf und in dem feuchten, leicht zu erreichenden Holz wachsen zahlreiche Pilze. Besonders Käfer finden dort einen reich gedeckten Tisch.

Nach dem Motto »Kleinvieh macht auch Mist« haben auch dünne Zweige eine große Bedeutung im Wald. Durch ihre Zersetzung werden Nährstoffe freigesetzt, die andere Organismen zum Wachsen und Gedeihen brauchen.

Stämme

Liegende Stämme punkten mit ihrem Volumen. Denn dicke und lange Exemplare versprechen ein stabiles Mikroklima. Davon profitieren Arten, die in der Befriedigung ihrer Bedürfnisse wenig flexibel sind. Die Feuchtigkeit im Stamm ist abhängig davon, wo und wie der Stamm liegt. Ein Stamm, der auf dem Boden aufliegt, wird von der Bodenfeuchte gespeist. Ein Stamm, der auf seinem Weg zum Boden abgefangen wird, zum Beispiel von einem Nachbarbaum, trocknet hingegen schneller aus.

Bilder rechts:
oben: Hohlräume im Totholz dienen auch großen Tieren wie Luchsen *(Lynx lynx)* als Versteck.
unten: Stürme hinterlassen in den Wäldern am Boden liegendes Totholz.

Totholz im Wasser

Im Wasser liegendes Totholz dient Tieren als Versteck. Denn das Geäst von Bäumen bildet kleine Rückzugsräume für Fische, Amphibien und Insekten. Zugleich ist es für deren Feinde oft eine undurchdringliche Barriere. Deswegen wird Totholz im Wasser gerne als Kinderstube genutzt. Allerdings kann ein dicker Stamm oder ein dichtes Geäst auch zu einem Hindernis werden, das Fische bei ihrer Wanderung beeinträchtigt. Diese Herausforderung meistert die Natur meist ohne unser Zutun, indem sich das Wasser einen Weg an dem Hindernis vorbeibahnt. Dadurch kann sich der Verlauf von Gewässern verändern, sodass dynamische Fließgewässer mit einer natürlichen Gestalt entstehen. Tieren des Landes dient ein im Wasser liegender Stamm als Brücke. Auf ihm können sie Gewässer überqueren und neue Gebiete besiedeln.

Doch Totholz wirkt auch positiv auf das Gewässer an sich. Indem Äste und Stämme bei fließenden Gewässern für Verwirbelungen sorgen, wird das Wasser mit Sauerstoff angereichert. Zugleich verlangsamen sie die Fließgeschwindigkeit des Wassers und halten die darin enthaltenen Schwebstoffe zurück. Dadurch fließt das Wasser langsamer und klarer weiter.

Vor allem der Kronenbereich des Totholzes hat eine große rückhaltende Wirkung. In dem dichten Geäst sammelt sich Treibgut an und am Gewässerboden können sich Bänke aus Schlamm, Sand und größeren Steinen bilden. Die geringere Fließgeschwindigkeit schützt auch das Ufer vor Erosion. Dort wird weniger Boden abgetragen und die Pflanzen können sich mit ihren Wurzeln besser festhalten. Außerdem können sich Gehölze leichter ansiedeln, was langfristig den Uferschutz fördert und für Nachschub an Totholz sorgt.

Auch abseits des Gewässers hat das im Wasser liegende Totholz Auswirkungen. Wenn es das Wasser aufstaut, steigt der Grundwasserspiegel in der Umgebung. Dadurch können wertvolle Feuchtwiesen, Röhrichtbestände und Laichgewässer für Amphibien und Insekten entstehen.

Bilder links: Im Wasser liegendes Totholz bietet vielfältige Vorteile. Fischen und Amphibien dient es als Versteck und Kinderstube.
unten links: Die Bachforelle *(Salmo trutta fario)* sucht Schutz im Schatten von Totholz.
unten rechts: Äste und Stämme bremsen lokal die Strömung. Dadurch entstehen ruhigere Bereiche, in denen sich Kies und Sand ablagern – genau das Substrat, in dem junge Flussperlmuscheln *(Margaritifera margaritifera)* leben.

Mikrohabitate

Habitat stammt vom lateinischen Wort *habitare* ab, was »wohnen« bedeutet. Es bezeichnet den Lebensraum, den eine Art besiedelt. Habitate unterscheiden sich voneinander und werden von unterschiedlichen Arten bewohnt. Einige dieser Arten haben sich derart an ihren Lebensraum angepasst, dass sie nur dort und in keinem anderen überleben können.

Mikrohabitate beschreiben kleinräumige Habitate. In, an und auf Bäumen bieten sie daran gebundenen Arten einen artspezifischen Lebensraum. Mikrohabitate lassen sich unterscheiden in solche mit Holzzersetzung (saproxylische) und solche ohne (epixylische). Für Letztere sind Strukturen auf dem Holz – wie Moose und Flechten – besonders wichtig.

Naturwälder zeichnen sich durch große Mengen Altholz und Totholz aus, die besonders vielfältige Mikrohabitate bieten. Auch ohne Fachwissen lassen sich diese Habitatstrukturen leicht unterscheiden.

Risse

Wird ein Baum vom Wind geschüttelt und von den Ästen der Nachbarn gepeitscht, ist das für ihn eine schwere Belastungsprobe. Die im Stamm entstehende Spannung wird durch einen schrägen oder gedrehten Wuchs noch verstärkt. Durch Stürme können nicht nur Äste oder Stämme brechen, sondern auch Risse entstehen. Während Abbrüche unübersehbar sind, bleiben uns Risse nicht selten verborgen. Obwohl sie zunächst oft nur haarfein sind, können sie dem Baum gefährlich werden. Denn sie sind eine Schwachstelle bei Stürmen und ein Einfallstor für ungebetene Gäste. Deswegen beginnt der Baum unverzüglich mit der Wundversorgung (siehe Seite 45).

Spalten

Hat der Baum keinen Erfolg beim Überwallen, kann ein Riss für unterschiedliche Mieter zum Zuhause werden. Durch Zusammenarbeit von Mikroorganismen wird daraus ein Spalt. Es entsteht ein Mikrohabitat, in dem Pilze gedeihen, Insekten krabbeln, Vögel nach Nahrung suchen und Fledermäuse einen Schlafplatz finden. In ihrer Form, Geräumigkeit und Besiedlung sind Spalten so vielfältig, dass für jeden Mieter etwas Passendes dabei ist.

Rindentaschen (links) bieten sowohl im warmen Sommer als auch im kalten Winter ein angenehmes Klima. Gelingt die Überwallung eines abgebrochenen Astes nicht rechtzeitig, kann eine Baumhöhle entstehen (rechts).

Rindentaschen

Stirbt ein Baum, löst sich im Laufe der Zeit die Rinde. Dabei können vom Stamm abstehende Rindenteile entstehen, die unten, oben oder seitlich geöffnet sind. Die Rindeninnenseite ist aufgrund der erhöhten Feuchtigkeit bei Pilzen beliebt. Bei einigen Pilzarten, wie den Vertretern der Gattung der Stummelfüßchen *(Crepidotus)*, fallen die zu Stummeln verkürzten Stiele auf. Vermutlich ist das eine Anpassung an diesen beengten Lebensraum. Und weiteren Bewohnern scheint die Enge nichts auszumachen: Rindentaschen dienen Baumläufern, Fledermäusen und anderen Arten sowohl zum Nisten als auch zum Ruhen. Das Klima unter der Rinde bietet Schutz vor der sommerlichen Hitze und der winterlichen Kälte. Bei Platzmangel wird gekuschelt: So kann es vorkommen, dass mehrere Hundert Fledermäuse gemeinsam in einem Baum überwintern.

Mit der Zeit fault eine Höhle und bietet neuen Lebensraum.
Ein wunderbarer Nistplatz kann dabei auch eine sehr offene Höhle sein (links).

Mulmtaschen

Wo sich Pilze, Insekten und Bakterien das Holz schmecken lassen, entsteht Mulm. Sie zersetzen das Holz nicht nur, sondern versehen es auch mit ihrer persönlichen Note. Denn Mulm ist mehr als die sprichwörtlichen Späne, die beim Hobeln – oder besser: beim Nagen – fallen. Er enthält auch nährstoffreiche Reste tierischen Ursprungs. Viele Tiere, Pflanzen und Pilze können sich zum Leben nichts Schöneres vorstellen als einen mit Kot und Urin angereicherten Haufen Holzmehl. Darunter mischen sich die Überbleibsel des Tagesgeschäfts: Federn, Nistmaterial und Eierschalen von Vögeln, Puppen und Gespinste von Insekten oder Beutereste.

Höhlen

Baumhöhlen gibt es in vielen Formen und Größen. Bis eine Höhle fertiggestellt ist, war eine Reihe von Handwerkern am Werk. Wird die schützende Rinde verletzt, besiedeln zunächst Bakterien und Pilze den Baum. Insekten zernagen das verpilzte Holz. Den anschließenden Ausbau der Höhle übernehmen häufig Spechte. Während Kleinhöhlen oft von Buntspechten gezimmert werden, sind es für den Bau von Großhöhlen vor allem Schwarzspechte. Letztere Höhlenart ist bei Nachmietern besonders beliebt, denn sie bietet ein ausgeglichenes Klima und ein reichhaltiges Nahrungsangebot.

Mit den Jahren und Jahrzehnten, die vergehen, vollzieht sich ein Wandel in der Baumhöhle. Sie füllt sich mit Wasser oder Mulm, wird von weiteren Pilzen besiedelt, wächst oder wird zugewachsen. Letzteres versuchen Spechte zu verhindern, indem sie unermüdlich gegen die Überwallungsversuche des Baumes vorgehen.

Je älter eine Höhle ist, desto begehrter ist sie auf dem Wohnungsmarkt des Waldes. Denn mit den Jahren fault sie einerseits allmählich aus und bietet somit mehr Platz, zum anderen sammelt sich am Höhlenboden eine nährstoffreiche Mulmschicht. Während geräumige Höhlen beispielsweise bei Eulen, Fledermäusen und großen Säugetieren wie Baummardern beliebt sind, kommt der Mulm hoch spezialisierten Insekten zugute, die auf ihn als Lebensraum angewiesen sind.

Doch die Zeit hinterlässt ihre Spuren in der Bausubstanz. Mit zunehmendem Alter steigt die Gefahr, dass das Dach undicht wird oder gar das gesamte Haus einstürzt.

Wie schließt ein Baum seine Wunden?

In Ermangelung an Schienen und Verbänden ist für einen verletzten Baum das Überwallen das Mittel der Wahl. Dabei verschließt er die Wunde, zum Beispiel einen Riss, zunächst im Inneren durch die Bildung von Schutzholz. Wie ein Verband schützt diese Barriere, die Pilze und Bakterien am Eindringen hindern soll. Als Nächstes schient er die Verletzung mit Wundholz. Es wird durch das angrenzende Kambium gebildet und schiebt sich im besten Fall in Form eines dicken, stabilen Walls über die Wundstelle.

Mulmhöhlen

Baumhöhlen können sich im Laufe der Besiedlung zu Mulmhöhlen wandeln. Erst wenn sich mindestens acht Kubikdezimeter Mulm angesammelt haben, spricht man von einer solchen Höhlenart. Damit könnte man 200 Espressotassen füllen! Bis dahin braucht es nicht nur Zeit, sondern auch Glück: Zunächst sind Pilze notwendig, die lebende Bäume nicht nur lange, sondern auch vergleichsweise sanft nutzen. Insekten zernagen dann das verpilzte Holz. Das dabei entstehende Nagemehl ist der Anfang vom Holzmulm. Wie bei Mulmtaschen werden auch Mulmhöhlen von einer Vielzahl an Tieren bewohnt. Sie sorgen für den Eintrag von Nährstoffen in das Nagemehl.

Wassertöpfe

Amphibien brauchen einen See oder Teich zur Fortpflanzung? Es geht auch ohne. In Wassertöpfen, auch Dendrotelmen genannt, sammelt sich Regenwasser. Sind sie lange genug mit Wasser gefüllt, kann darin sogar die Metamorphose einer neuen Generation stattfinden.

Wassertöpfe sind nach oben geöffnete Vertiefungen im Baum. Bricht ein Ast oder Stamm ab, kann durch Zersetzung eine Vertiefung entstehen, die sich bei Regen mit Wasser füllt. Doch der Baum muss nicht unbedingt Verletzungen erleiden. Auch miteinander verwachsene Wurzeln oder Äste können einen Wassertopf bilden.

Der Wasserstand hängt davon ab, wie hoch der Niederschlag und die Verdunstung sind. Im Laufe der Jahre reichern sich in der Vertiefung Nährstoffe an. Vor allem aus Laub entsteht eine Schlammschicht. Sie macht Wassertöpfe bei Schwebfliegen besonders begehrt. Die Totenkopfschwebfliege vermehrt sich im Wald bevorzugt in diesem besonderen Lebensraum. Nachdem sie die Eier abgelegt hat, entwickeln sich daraus in dem schlammigen Wasser nach wenigen Tagen Larven. Diese sogenannten Rattenschwanzlarven lassen sich leicht an den langen Atemröhren erkennen, durch die sie, wie mit einem Schnorchel, unter Wasser atmen können.

Bilder rechts: Ein Wassertopf kann zum kleinen Lebensraum werden: Dort wachsen Rattenschwanzlarven heran – die Larven der Totenkopfschwebfliege.

Urwaldreliktarten – Zeugen unserer Waldgeschichte

In Mulmhöhlen leben auch Zeugen unserer Waldgeschichte. Urwaldreliktarten sind auf das kontinuierliche Vorkommen von Altholz und Totholz angewiesen. Von den etwa 1400 in Deutschland bekannten xylobionten, also totholzbewohnenden Käferarten werden 115 als Urwaldreliktarten bezeichnet. Sie haben ihre Heimat in den von Buchen dominierten Urwäldern, die in längst vergangenen Zeiten das Gesicht unserer Landschaft prägten, in denen Zerfallsprozesse Jahrhunderte währten.

Doch davon ist nichts mehr übrig geblieben. Denn in den schnelllebigen Wirtschaftswäldern von heute geht es um Jahrzehnte, nicht um Jahrhunderte. Sogar nach Buchenwäldern, in denen die Bäume über 160 Jahre alt sind, muss man suchen. Sie nehmen nur 0,16 Prozent der Fläche Deutschlands ein, das ist weniger, als das zweitkleinste Bundesland, Hamburg, umfasst. Doch für Urwaldreliktarten sind sie eine Arche, auf der einige von ihnen die Veränderungen im deutschen Wald überleben konnten.

Wurzelteller

Ein in die Höhe ragender Wurzelteller bezeugt offenkundig, dass der Baum seinen Halt verloren hat. Stürme haben die Kraft, ihn buchstäblich aus dem Leben zu reißen. Doch wo seins endet, regt sich bald neues. Denn die Wand aus Wurzeln, Erde, Sand und Steinen bietet Mikrohabitate, wie sie ansonsten im Wald nicht vorkommen. Die Kombination aus dem trockenen Klima auf dem Wurzelteller und dem feuchten Klima in der entstandenen Vertiefung im Boden lockt Tiere, Pflanzen und Pilze mit ganz unterschiedlichen Bedürfnissen an. Sie finden dort einen Ort zum Verstecken und Beobachten, zum Sonnen und Baden, als Kinderstube und Buffet.

Oben Sonne ...

Hoch auf den Überresten des gefallenen Baumes kann die nächste Baumgeneration aufwachsen. Dort findet sie Licht, Platz und Schutz vor hungrigen Waldbewohnern. Auch Reptilien nutzen dort die Lücke, die der umgestürzte Baum in das Blätterdach gerissen hat, um sich von der Sonne wärmen zu lassen.

Das dichte Wurzelgeflecht dient außerdem als Nistplatz. Darin richten sich Rotkehlchen, Zaunkönig und weitere gefiederte Bewohner ein. Liegt ein Gewässer in der Nähe, baut sogar der Eisvogel seine Brutröhre im Wurzelteller, vorausgesetzt, der umschlossene Boden ist ihm sandig und stabil genug. Brutröhren, allerdings mit deutlich geringerem Ausmaß, legen auch staatenlose Bienen an. Der von der Sonne aufgewärmte und zunächst vegetationslose Boden ist im Wald eine Seltenheit, die sie zu schätzen wissen.

... unten Wasser

In der Vertiefung sammeln sich Niederschläge und Grundwasser. Es entsteht eine Pfütze oder ein Tümpel. Darin kann der Nachwuchs von Amphibien sicher vor den hungrigen Mäulern von Fischen heranwachsen. Auch Insekten legen ihre Eier in das Wasser. Nicht nur für Kröten, Frösche, Unken und Molche sind diese Eier Leckerbissen. Auch Fledermäuse begeben sich auf die Jagd nach Mücken und beweisen dabei ihr Können als Flugakrobaten.

Bilder rechts: Aus den Wurzeltellern sprudelt Leben: Bergmolch (links) und Gelbbauchunke (rechts) nutzen die winzigen Wasserplätze als Laichgewässer.

Tiere im Lebensraum Totholz

Der Waldkauz

Strix aluco

»Huuu --- hu-huhuhuhuuh« schallt es in der Dämmerung durch den Wald. Der Waldkauz führt ein heimliches Leben. Doch in den kalten Wintermonaten begibt er sich auf die Partnersuche. Seine Partnerin kennt er bereits. Im letzten Sommer haben sie gemeinsam ihren Nachwuchs aufgezogen. Doch nachdem dieser aus dem Haus war und sich selbst versorgen konnte, trennten sich ihre Wege wieder. Als Waldkauz geht man eine lebenslange Partnerschaft ein. Doch außerhalb der Paarungszeit ist man lieber allein. Am liebsten lebt der Waldkauz in alten Laubwäldern. Dort findet er Bäume, die im Laufe der Zeit an Umfang gewonnen haben und deren Widerstandsfähigkeit gegenüber Krankheiten und Verletzungen zugleich gesunken ist.

Minimalistischer Mieter

Beim Hausbau verlässt sich das Waldkauzpaar auf die Hilfe von Handwerker Specht. Dieser hat die Baumhöhle gebaut, die das Paar für die Brut bezieht. Baumarten, in denen durch Fäulnis leicht Höhlen entstehen, eignen sich dafür besonders gut. Neben Buchen zählen auch Eichen und Linden zu diesen Arten. Die Renovierung des Eigenheims liegt in der Hand der Waldkauzdame. Sie ist minimalistisch veranlagt. Einrichtung in Form von Nistmaterial anderer Tiere fliegt kurzerhand vor die Tür. Sie selbst braucht solcherlei Annehmlichkeiten nicht. Ihre Eier wird sie auf den Höhlenboden legen, ganz ohne Nest.

Auf der Jagd – lautlos und listig

Wenn die Dunkelheit anbricht, geht der Waldkauz auf die Jagd. Damit zählt er zu den weniger als drei Prozent aller Vögel, die nachtaktiv sind. Seine Sinne machen ihn zu einem gefürchteten Jäger der Nacht. Mithilfe seiner großen Augen kann er das wenige Licht einfangen. Dadurch sieht der Waldkauz nachts drei bis zehn Mal besser als wir Menschen. Zum Vergleich: Wären unsere Augen im Verhältnis zum Kopf so groß wie die Augen des Waldkauzes, hätten sie das Ausmaß von Grapefruits! Bei runden Glaskörpern,

Bild links: Nach dem Verlassen der Baumhöhle werden die flugunfähigen Waldkäuze auf Ästen oder Stümpfen sitzend von den Eltern mit Nahrung versorgt. Vom Boden aus können sie mit ihren scharfen Krallen zurück auf Bäume mit grober Rinde klettern.

Der Waldkauz nutzt Baumhöhlen nicht nur zum Nisten, sondern auch für ein Nickerchen am Tag.

wie wir Menschen sie haben, bliebe kaum Platz für das Gehirn. Offenbar ist das der Grund für die röhrenförmigen Glaskörper des Waldkauzes: Sie sind schlichtweg platzsparender.

Die Form hat jedoch einen entscheidenden Nachteil: Die Augen des Waldkauzes sind starr nach vorne gerichtet. Um die Umgebung dennoch nicht aus dem Blick zu verlieren, kann er seinen Kopf um 270 Grad drehen.

Als wäre es nicht genug, dass seinen Augen bei Tag und bei Nacht keine Regung entgeht, hat der Waldkauz ein weiteres Talent. Sein Hörsinn ermöglicht es ihm, sowohl die Richtung, in der sich seine mögliche Beute befindet, als auch deren Entfernung zu bestimmen. Auf beiden Seiten des Kopfes ist jeweils ein Hörschlitz. Obwohl dieser fast so lang ist wie der Kopf des Kauzes, bleibt er für uns unsichtbar. Denn er ist von Federn bedeckt, die wie ein Trichter wirken. Sie fangen die Geräusche ein und leiten sie zu den Hörschlitzen weiter. Mit Erfolg: Das Gehör des Waldkauzes ist fünf bis zehn Mal empfindlicher als unseres. Und es hat noch eine Besonderheit zu bieten: Der rechte Hörschlitz liegt höher als der linke. Dadurch kann der Waldkauz ähnlich gut dreidimensional hören, wie wir Menschen dreidimensional sehen können.

In den Mythen – Glück und Unglück

Im Laufe der Zeit rankte sich eine Reihe von Geschichten um den Waldkauz und seine Verwandten. Bei den antiken Griechen galten Eulen als klug und glückbringend. So wurde Athene, die Göttin der Weisheit, von einem Steinkauz begleitet. Bei den antiken Römern galten Eulen hingegen als Unglücksboten. Indem man sie tötete, glaubte man, das Unheil abwenden zu können. Diese Vorstellung hat mehr als 2000 Jahre überlebt. So wurden Eulen im Mittelalter wahlweise als Begleiter des Teufels oder als Inkarnation seiner Großmutter betrachtet.

Noch im letzten Jahrhundert wurden Eulen hierzulande lebendig an ein Scheunentor genagelt. Das sollte vor Unglück schützen. Weniger abergläubische Bauern lassen in ihren Höfen Einfluglöcher offen und machen sich die Vorliebe der Eulen für Mäuse zunutze.

Obwohl der Aberglaube vielerorts überwunden ist, macht dem Waldkauz die Nachbarschaft zum Menschen noch immer zu schaffen. Neben Stromleitungen, Windrädern und dem Verkehr leidet er vor allem unter dem Lebensraumverlust. Am liebsten hat er ein Mosaik aus Lichtungen, Wiesen und

Feldern, durchsetzt von unterschiedlich alten Wäldern, Baumgruppen und Hecken. Damit es dem Waldkauz nicht an Brut- und Schlafplätzen mangelt, ist der Schutz alter Bäume mit Baumhöhlen als *Habitatbäume* wichtig.

Nach den Ergebnissen der vierten Bundeswaldinventur (2022) stehen in Deutschlands Wäldern pro Hektar durchschnittlich etwa acht Bäume mit »ökologisch bedeutsamen Merkmalen«. Überträgt man diese Zahl auf ein standardmäßiges Fußballfeld, würden darauf fünf bis sechs solcher Bäume stehen. Um diese ökologisch wertvollen Bäume auch in forstwirtschaftlich genutzten Wäldern zu erhalten, ist eine Kennzeichnung wichtig, damit sie nicht versehentlich gefällt werden.

Habitatbäume und ihr Beitrag zur Vielfalt im Wald

Habitatbäume (auch *Biotopbäume* genannt) sind für den Erhalt der Vielfalt an Lebensräumen und Arten von herausragender Bedeutung. Oft sind diese Bäume aus vielerlei Gründen für die Forstwirtschaft nicht nutzbar. Doch sie sind Hotspots der biologischen Vielfalt. Denn in, an und auf ihnen finden sich Mikrohabitate (siehe ab Seite 42), in denen spezialisierte Arten leben. Der Erhalt dieser Bäume ist deshalb wichtig auf dem Weg zu einem naturnahen Wald. Ein Baum gilt als Habitatbaum, wenn er bestimmte Besonderheiten aufweist. Zum Beispiel …

… eine verletzte Rinde

Dazu gehören Risse genauso wie Taschen (siehe ab Seite 42), die durch eine teilweise Ablösung der Rinde entstanden sind. Was in der Forstwirtschaft als Schaden gilt, schützt die Bewohner des Waldes vor Feinden, Hitze und Kälte.

… ein sehr hohes Alter

Uralte Bäume stellen vor allem für Arten, die spezielle Bedürfnisse, nicht aber die Fähigkeit zu weiten Wanderungen haben, einen mit der Zeit gewachsenen und für sie optimalen Lebensraum dar. Eichen beispielsweise werden bis zu 1000 Jahre alt und können von allen heimischen Baumarten die meisten Insektenarten beherbergen.

… Höhlen

In Höhlen leben Tiere, Pflanzen und Pilze. Viele von ihnen sind aufeinander angewiesen. Das macht Baumhöhlen zu einem gleichermaßen vielschichtigen wie faszinierenden Lebensraum (siehe ab Seite 45).

Für Habitatbäume gibt es verschiedene Kennzeichnungen: neben dem Specht auch ein »H« oder eine Wellenlinie.

... abgestorbene Äste

Das auf abgestorbenen, sonnenexponierten Ästen herrschende Mikroklima wird beispielsweise von spezialisierten, wärmeliebenden Käferarten benötigt.

... Horste

Der Erhalt von Horsten ist nicht nur wichtig für die Vögel, die sie gebaut haben, sondern auch für gefiederte Nachmieter. Außer Greifvögeln bauen auch Weißstörche und Schwarzstörche Horste. Nachmieter sind neben Greifvögeln beispielsweise Stockenten, und Spatzen und andere Singvögel lassen sich sogar als Untermieter in Storchenhorsten nieder.

... Bewuchs mit Flechten, Moosen und Pilzen

Flechten, Moose und Pilze sind artenreiche Lebensformen und wichtige Bestandteile im Ökosystem Wald. Pilze ziehen geschwächte, alte und abgestorbene Bäume vor. Moose und Flechten wachsen bevorzugt auf schief wachsenden Bäumen.

... Kletterpflanzen

Bäume mit Kletterpflanzen, wie Efeu oder Waldrebe, bieten Nistmöglichkeiten für Vögel und Lebensraum für Insekten. Letztere dienen unter anderem wiederum den Vögeln als Nahrung.

Der Schwarzspecht

Dryocopus martius

Tok-tok-tok-tok. Emsig bearbeitet der Schwarzspecht den Stamm einer Fichte. Ihre kahlen Äste zeugen von den Borkenkäfern, die erst die Rinde des Baumes durchbohrt und dann darunter Eier abgelegt haben. Mittlerweile haben sich aus den Eiern dicke Larven entwickelt. Der Schwarzspecht muss nur die Rinde abschälen, um an die proteinreichen Leckerbissen zu gelangen.

In den nächsten Wochen wird er regelmäßig zu dieser Fichte zurückkehren, bis der Stamm komplett entrindet ist und er sich eine neue Nahrungsquelle suchen muss. Vielleicht einen Baumstumpf mit Larven von holzbewohnenden Käfern oder ein Nest der Roten Waldameise. Etwa 3000 Ameisen oder die entsprechende Menge anderer Insekten muss der Schwarzspecht täglich erbeuten. Im Frühling wollen zusätzlich die Schnäbel seines nimmersatten Nachwuchses gefüllt werden.

Wo der Schwarzspecht klopft, fallen Späne

Bis es so weit ist, hat er noch viel Arbeit vor sich. Bereits vor mehreren Jahren hat er in einer alten Buche eine Initialhöhle (siehe Seite 63) angelegt. Pilze haben seitdem das Holz besiedelt und machen es weicher. Das spart dem Schwarzspecht jetzt, bei der Fertigstellung der Höhle, wertvolle Energie. Bis sie bereit für den Einzug ist, vergehen durchschnittlich fünf bis zehn Jahre. Doch wenn es einmal schnell gehen muss, kann er die Bauzeit auch auf sechs Wochen verkürzen. Hierbei verrichtet der Schwarzspecht Schwerstarbeit: Über 10 000 Späne fallen beim Bau einer Bruthöhle in einer Buche an. Dabei kann ein einzelner Span bis zu elf Zentimeter lang sein.

Ein hoher, astfreier Stamm und eine glatte Rinde, die wenig Halt bietet, versprechen die meiste Sicherheit vor Fressfeinden. Deshalb wählt der Schwarzspecht mit Vorliebe Buchen als Höhlenbäume. Für neun von zehn Bruten sucht er sich in Mitteleuropa diese Baumart aus.

Bild links: Wenn der Schwarzspecht die Rinde von den Bäumen schält, lockt das andere Arten an, wie hier den Waldbaumläufer *(Certhia familiaris).*

Schlüsselarten und Flaggschiffarten

Schlüsselarten haben eine besondere Bedeutung für die Artenvielfalt, weil sie beispielsweise Lebensräume schaffen oder die Bestände der Arten, die ihnen als Nahrung dienen, regulieren. Das Verschwinden einer Schlüsselart führt oft zu dramatischen Veränderungen im gesamten Ökosystem. Die Art stellt somit einen »Schlüssel« für das Funktionieren einer Lebensgemeinschaft oder eines Lebensraumes dar.

Flagschiffarten können innerhalb des Naturschutzes als Sympathieträger dienen. Aufgrund ihrer Bekanntheit und Beliebtheit halten Menschen ihren Schutz für wünschenswert. Deshalb haben sie eine wichtige Rolle in der Öffentlichkeitsarbeit des Naturschutzes. Auf diese Weise können auch unbekannte Arten geschützt werden, die mit den Flaggschiffarten von Schutzmaßnahmen profitieren.

Die Nachmieter stehen schon vor der Tür

In seinem Revier hat der Schwarzspecht häufig mehrere Höhlen gleichzeitig in Bau. Durchschnittlich wird nur alle fünf Jahre eine davon fertiggestellt. Doch die Höhle hat eine beeindruckende Lebenszeit: In einer Buche kann sie mehrere Jahrzehnte überdauern. Auch nach dem Auszug des Schwarzspechtpaares steht sie nicht leer. Denn in unseren Wäldern sind geräumige Baumhöhlen, wie der Schwarzspecht sie baut, Mangelware und die Nachmieter stehen schon vor der Tür. Die lange Schlange der Bewerber reicht von Vögeln wie Hohltaube, Star, Grünspecht, Kleiber und Waldkauz über Säugetiere wie Fledermaus, Marder und Haselmaus bis hin zu Insekten wie die Hornisse. Dass durch seine Bautätigkeit mehr Höhlen entstehen, als er selbst nutzt, macht den Schwarzspecht zu einer wichtigen Schlüsselart für den Artenschutz im Wald. Neue Untersuchungen ergaben zudem, dass Spechte vor allem in Wirtschaftswäldern wichtig sind. Denn dort stehen höhlenbewohnenden Tieren – im Gegensatz zu Urwäldern – nur wenige ohne das Zutun von Spechten ausgefaulte Höhlen zur Verfügung.

Doch der Schwarzspecht liefert nicht nur Lebensraum, sondern auch Nahrung. Wenn er emsig klopfend die Rinde von den Bäumen schält und die Späne aus dem Stamm meißelt, wittern andere ihre Chance. Wer sich von Insekten in Rinde und Holz ernährt, braucht entweder gutes Werkzeug

Der Schwarzspecht hinterlässt bei der Nahrungssuche auffällige Spuren in der Rinde.

oder einen klugen Kopf. Der Baumläufer hat beides. Normalerweise sucht er mit seinem pinzettenförmigen Schnabel in der grobfurchigen Rinde von Bäumen nach Nahrung. Ist aber der Schwarzspecht an der Arbeit, braucht er nichts weiter zu tun, als ihm zu folgen und aufzupicken, was übrig bleibt.

Die Wälder im Wandel

Ein wichtiger Lebensraumaspekt für den Schwarzspecht sind Baumbestände der späten Alterungs- und Zerfallsphase (siehe Seite 14). Denn dort findet er dicke Bäume zum Bau seiner Höhlen sowie nahrungsreiches Totholz.

Der Wald in Deutschland ist älter geworden. Laut Ergebnissen der vierten Bundeswaldinventur lag das Durchschnittsalter der Waldbäume im Jahr 2022 bei etwa 82 Jahren. Das ist etwa fünf Jahre älter als noch 2012. Dennoch ist das in der Zeitrechnung der Bäume kein hohes Alter. Zum Vergleich: Die letzten europäischen Urwälder weisen ein Durchschnittsalter von über 160

In alten Buchen legt der Schwarzspecht mit Vorliebe Initialhöhlen an.

Jahren auf. Bäume in diesem Alter sind in Deutschland selten und machen nur gut vier Prozent der Waldfläche aus. Aber erst in diesem Lebensabschnitt entstehen viele für Tiere, Pflanzen und Pilze wichtige Totholzstrukturen. Bei langlebigen Baumarten entwickeln sich solche Strukturen abseits von Sturm- und Gewitterschäden häufig erst sehr spät – bei Buchen beispielsweise ab etwa 180 Jahren, bei Eichen teilweise erst ab 300 Jahren. Für darauf spezialisierte Arten ist es deshalb wichtig, dass unser Wald noch viel älter wird.

Dank seiner Anpassungsfähigkeit gehört der Schwarzspecht zu den Arten, die die Verjüngung der Wälder überlebt haben. Mit dieser Fähigkeit stößt er allerdings dort an seine Grenzen, wo er nicht genug Nahrung und zum Höhlenbau geeignete Bäume findet. Indem wir Wälder mit viel Altholz und Totholz fördern, können wir ihm genauso helfen wie mit dem Schutz von einzelnen Höhlenbäumen als Habitatbäume (siehe Seite 56).

In unseren überwiegend von forstwirtschaftlicher Nutzung geprägten Wäldern ist ein flächendeckendes Vorkommen von alten und absterbenden Bäumen zur Seltenheit geworden. Viele Arten, die auf diesen Lebensraum angewiesen sind, verschwinden mit ihm. Indem der Schwarzspecht Höhlen baut, Rinde und Holz für Tiere und Pilze öffnet, leistet er einen unersetzlichen Beitrag zur Artenvielfalt im Wald.

Initialhöhlen

Der Bau einer Höhle ist harte Arbeit. Um sie etwas leichter zu machen, legen Schwarzspechte *Initialhöhlen* an. Dazu hacken sie zunächst eine wenige Zentimeter tiefe Höhle in den Baumstamm. Dann unterbrechen sie ihr Werk und lassen andere für sich arbeiten. Es dauert nicht lange, bis Pilze die ungeschützte Stelle am Baum besiedeln und damit beginnen, das *Splintholz* (siehe Seite 28) zu zersetzen. Dadurch wird es allmählich weicher. Erst nach mehreren Jahren setzen die Schwarzspechte ihren Wohnungsbau fort. Dank der Vorarbeit der Pilze sparen sie dabei Zeit und Energie.

Untersuchungen haben ergeben, dass Schwarzspechte nicht nur am Äußeren des Stammes die Hilfe von Pilzen in Anspruch nehmen, sondern auch im Inneren, dem *Kernholz.* Bis auf wenige Ausnahmen waren Buchen, die Höhlenanfänge aufwiesen, bereits innen faul. Offenbar erkennen Schwarzspechte die geschwächten Bäume an ihrem Klang beim Hacken.

Der Buntspecht

Picoides major

Der Buntspecht ist ein gefiederter Rekordhalter. Angefangen damit, dass er hierzulande der häufigste Specht ist. Nicht nur im Wald können wir ihn beobachten, auch in Gärten ist er ein treuer Besucher.

Trickreicher Trommler

Noch bevor wir ihn sehen, vernehmen wir oftmals sein weithin hörbares Trommeln. Mit bis zu 20 Schlägen pro Sekunde bearbeitet er das Holz. Damit trommelt er von allen heimischen Spechtarten am schnellsten. Bei der Auswahl seiner Trommelstelle ist er wählerisch, denn die Akustik bestimmt den Erfolg. Am besten klingen abgestorbene, hohle Äste oder Stämme mit trockenem und nicht zersetztem Holz. Sie sorgen für einen tiefen Ton, der auch aus weiter Entfernung hörbar ist. Abseits vom Wald nutzt der Buntspecht auch künstliche Trommelstellen. Keine Sorge: Wenn er an Holzmasten, Regenrinnen oder Satellitenschüsseln klopft, sorgt das zwar für mächtigen Radau, hat aber nicht den Bau einer Spechthöhle zur Absicht.

Vor allem das Männchen ist unermüdlich zugange. Für uns Menschen sind seine Klangkünste jedoch nicht bestimmt, er möchte nur von einer gehört werden: seiner zukünftigen Partnerin.

Wohnraum im Wald

Sowohl seine Häufigkeit als auch sein Fleiß machen den Buntspecht in unseren Wäldern zum wichtigsten Höhlenlieferanten. Oft stellt er jedes Jahr eine neue Höhle fertig. Die Bauaktivität lockt zahlreiche Vormieter und Nachmieter an: von Wespen und Käfern über Schlafmäuse und Fledermäuse bis hin zu anderen Vögeln wie Staren, Kleibern und Sperlingskäuzen. Sogar eine Art, die man heute kaum noch mit dem Wald in Verbindung bringt, brütet in seinen Höhlen: der Mauersegler. Doch dafür müssen sich die Spechthöhlen hoch oben in der Krone befinden und jahrzehntelang ausfaulen können. Meisen hingegen meiden diesen Wohnraum bei der Brut. Mit gutem Grund: Die Rückkehr der Bauherren kann für ihren Nachwuchs tödlich enden. Denn

Bild links: Der Buntspecht ist auf das reichhaltige Insektenangebot im Totholz angewiesen.

Der Buntspecht fällt durch sein kontrastreiches Gefieder auf. Die oberseitig schwarze Färbung wird von großen weißen Schulterflecken und kleinen weißen Flecken auf den Flügeln unterbrochen. Vom Schnabel bis in den Nacken reicht ein schwarzes Band. Der Unterschwanz des Buntspechtes ist rot gefärbt. Die Geschlechter lassen sich mit Blick auf den Nacken unterscheiden: Das Männchen hat dort einen roten Fleck, das Weibchen nicht.

Buntspechte sind Omnivoren – Allesfresser – und verzehren sowohl pflanzliche als auch tierische Kost wie Eier und Nestlinge.

Nicht nur für den Bau von Höhlen sorgt der Buntspecht im Wald, sondern auch für deren Renovierung. Einerseits kümmert er sich um die Fassade: Denn solange der Baum lebt, versucht er seine Wunden zu versorgen: Durch das Überwallen (siehe Seite 45) kann er einen Höhleneingang innerhalb weniger Jahre verschließen. Das verhindert der Buntspecht, indem er die Ränder regelmäßig freilegt. Andererseits räumt der Buntspecht das Innere auf. Bezieht er eine alte Höhle als Schlafplatz oder Nistplatz, befreit er sie zunächst vom Nistmaterial der Vormieter. Die regelmäßige Entrümpelung sorgt dafür, dass die Spechthöhle auch für andere bewohnbar bleibt.

Kurze Kindheit

Bevor das Nisten beginnen kann, müssen sich die Partner finden. Zwar bleibt ein Buntspechtpaar bis zu drei Jahre zusammen, doch im Winter verteidigen die Tiere ihre eigenen Reviere. Die Bäume, in denen sich die kleineren Schlafhöhlen befinden, liegen oft nah beieinander. Ein solches *Höhlenzentrum* wird als Treffpunkt genutzt: Dort lernen sich Brutpartner kennen oder lassen Partner ihre Beziehung wieder aufleben.

Im April beginnt die Brutzeit der Buntspechte. Versteckt im Inneren des Baumes legt das Weibchen drei bis acht Eier auf den Höhlenboden. Erst wenn das letzte Ei gelegt ist, beginnen die Eltern zu brüten. Damit erreichen sie, dass der Nachwuchs annähernd zur selben Zeit schlüpft. Bis es so weit ist, vergehen manchmal nur zehn Tage. Das ist die kürzeste Brutdauer im gesamten Vogelreich! Allerdings teilt sich der Buntspecht diesen Rekord mit weiteren Arten. Der nackte, blinde Nachwuchs wird fürsorglich *gehudert,* also unter die sprichwörtlichen *Fittiche* genommen. Ohne die Wärme der Eltern würde er in den ersten Lebenstagen schnell erfrieren. In kurzer Zeit legt er an Größe und Gewicht zu. Innerhalb von etwa fünf Tagen vervierfacht er sein Gewicht. Um die hungrigen Schnäbel zu stopfen, füttern die Eltern bis zu 250 Mal täglich, also alle vier bis acht Minuten! Nachdem die Jungvögel die Höhle verlassen haben, werden sie noch etwa zehn Tage von den Eltern gefüttert. Danach sind sie auf sich alleine gestellt. Mit einem Jahr sind sie geschlechtsreif und gründen ihrerseits eine Familie auf Zeit.

Totholz – total begehrt

Der Buntspecht ist ein *Flaggschiff* des Naturschutzes (siehe Seite 60). Denn er braucht naturnahe Wälder – und die Waldbewohner brauchen ihn:

Als *Zimmermann des Waldes* sorgt er für den Wohnraum zahlreicher Höhlenbewohner. Neben den Spechten legen hierzulande auch zwei Singvogelarten Baumhöhlen an: die Haubenmeise und die Weidenmeise. Doch ihre Behausungen bieten wenig Platz und können nur in weiches, mulmiges Holz gebaut werden. Spechte zimmern ihre geräumigen Höhlen hingegen auch in härteres Holz. Der Buntspecht wählt dafür mit Vorliebe abgestorbene Äste und Stämme aus – das spart wertvolle Energie. Dadurch sind seine Höhlen allerdings weniger langlebig als die Höhlen des Schwarzspechts (siehe ab

Seite 59). Aufgrund der fortschreitenden Zersetzung im Totholz bilden sich schneller Löcher in der Fassade. Dann wird es im Inneren feucht und frisch. Glücklicherweise sorgt der Buntspecht für stetigen Nachschub. Damit leistet er einen wertvollen Beitrag zur Artenvielfalt im Wald. Untersuchungen im Nationalpark Bayerischer Wald haben gezeigt, dass sich ab einer Anzahl von fünf Höhlen je Hektar Wald die Zahl der Höhlenbrüter durchschnittlich verdoppelt im Vergleich zu Wäldern, in denen es weniger als fünf Höhlen pro Hektar gibt. Damit konnte zugleich die überragende Rolle naturbelassener Wälder für die Ansiedlung höhlenbrütender Arten gezeigt werden.

Nicht nur für den Wohnungsbau, auch bei der Nahrungssuche braucht der Buntspecht Totholz. Denn er hat eine Vorliebe für holzbewohnende Insekten und ihre Larven. Ob stehendes oder liegendes Totholz, ist ihm hierbei egal. Hauptsache, darin regt sich das Leben. Mit seinem kräftigen Schnabel öffnet er das sich zersetzende Holz. Seine Zunge dient ihm beim Finden und Erreichen der Beute. Um die bis zu vierfache Länge seines Oberschnabels kann er sie ausfahren. Damit gelangt er in die schmalen Gänge der Insekten. An der Zungenspitze befinden sich – wie bei einer Harpune – Widerhaken, mit denen er die tief im Holz sitzenden Insekten herausangeln kann.

Doch nicht nur von tierischer Kost ernährt sich der Buntspecht. Unter den Spechten hat er den vielseitigsten Speisezettel: Darauf stehen auch Früchte, Baumsamen und Baumsäfte. Seine Eigenheit, die Rinde von Bäumen zu durchlöchern und den austretenden Saft zu trinken, lässt an den sprichwörtlichen *Schluckspecht* denken. Doch der Saft ist frisch und deshalb noch nicht vergoren. Von der süßen Verheißung werden weitere Tiere angelockt: Neben Vögeln und Insekten (siehe Seite 74) lassen sich sogar Eichhörnchen und Hirsche die energiereiche Köstlichkeit schmecken.

Angesichts seiner Vorliebe für Totholz ist es nicht verwunderlich, dass sich der Buntspecht am liebsten in alten, naturnahen Wäldern niederlässt. Dort erreicht er eine drei bis fünf Mal höhere Siedlungsdichte als in Plantagenwäldern, in denen sich die Bäume hinsichtlich ihrer Art und ihres Alters gleichen.

Bilder rechts:
oben links: Die jungen Buntspechte haben eine rote Färbung auf dem Kopf.
oben rechts: Der Buntspecht baut seine Höhle meist in zwei bis zwölf Meter Höhe.
unten: Hinter dem Höhleneingang, der einen Durchmesser von etwa fünf Zentimetern hat, befindet sich eine bis zu 50 Zentimeter tiefe Höhle. Der Baum, in dem sich die abgebildete Höhle befand, musste im Zuge der Verkehrssicherung leider von der Stadt gefällt werden.

Der Hirschkäfer

Lucanus cervus

Nachdem die Hirschkäfer jahrelang als Larven und Puppen in Dunkelheit gelebt haben, graben sie sich im Frühling dem Tageslicht entgegen. Bisher hat sich ihr Leben nur ums Fressen und Wachsen gedreht. Doch die Ruhe ist bald vorbei.

Fliegende Hirsche

Dicht unter der Erdoberfläche wartet Herr Hirschkäfer. Eines Abends, im Mai, verlässt er die Erde und begibt sich auf die Suche. Er hat nur wenige Wochen Zeit, um Frau Hirschkäfer zu finden und sich mit ihr zu paaren, denn die erwachsenen Käfer leben lediglich bis zu acht Wochen. Angesichts von Fressfeinden, Hitze und Trockenheit kann das Leben sogar noch schneller vorbei sein. Mit bis zu acht Zentimeter Länge ist der Hirschkäfer der größte Käfer in Deutschland. Doch gegenüber den Baumriesen ist er ein Zwerg. Wie hilfreich ist es da, wenn ein verheißungsvoller Duft in der Luft liegt! Um ihm zu folgen, wählt Herr Hirschkäfer bereits für Strecken von wenigen Metern lieber den Flug. Durch einen eleganten Flugstil zeichnet er sich nicht aus. Auffällig ist er dabei hingegen allemal.

Bei seinem namensgebenden Kopfschmuck handelt es sich nicht um ein Geweih, sondern um seine extravagant vergrößerten Oberkiefer – bei Insekten *Mandibeln* genannt. Zwar wirkt dieser beim Flug hinderlich, doch zur Paarungszeit spielt er eine wichtige Rolle.

Kampf der Giganten

Frau Hirschkäfer hat sich auf einer alten Eiche niedergelassen. Ihre Mandibeln sind kleiner und unauffälliger. Doch mit ihnen kann sie kneifen. Kräftig genug, um ein kleines Loch in der Rinde der Eiche zu hinterlassen. Ein kohlenhydratreicher Saft rinnt aus der Wunde – die Lieblingsnahrung unter Hirschkäfern. Von dort kommt der Duft, den Herr Hirschkäfer wahrgenommen hat. Doch nicht nur er ist der Verlockung gefolgt. Ein anderes Männchen befindet sich bereits auf dem Weg. Will er ans Ziel, muss er seinen

Bild links: Der namensgebende Kopfschmuck des Hirschkäfers ist kein Geweih, sondern ein extravagant vergrößerter Oberkiefer.

Nebenbuhler angreifen. Wie bei der Hirschbrunft gehen die Konkurrenten mit ihren »Geweihen« aufeinander los. Zwar fehlt es den Käfern an Größe und Geschwindigkeit, um mit lautem Knallen zusammenzustoßen. Doch an Kraft mangelt es ihnen nicht. Mit ihren Waffen können sie das Hundertfache ihres Körpergewichts bewegen. Tritt der Unterlegene nicht den Rückzug an, wird er kurzerhand vom Baum geworfen. Zu seinem Glück endet das meistens ohne sichtbare Schäden.

The winner takes it all

Der Sieger setzt seinen Weg zur Auserwählten fort. Bei der Paarung stellt er sich über sie und hindert sie mit seinen geweihartigen Oberkiefern am Weglaufen. Mitunter bleibt das Paar mehrere Tage in dieser Stellung. In dieser Zeit paaren sich die Partner und nehmen den Baumsaft zu sich. Er dient ihnen nicht nur zur Stärkung, sondern auch zur Fruchtbarkeit. Denn beide brauchen für die Reifung ihrer Keimzellen Baumsaft, der bestimmte Pilze enthält.

Oft ist der Saft vergoren. Die Käfer trinken davon so lange, bis sie herumtorkeln oder, ihrer Trunkenheit erlegen, vom Baum fallen.

Nach der Paarung trennen sich die Wege der Partner. Während Herr Hirschkäfer loszieht, um weitere Nachkommen zu zeugen, begibt sich Frau Hirschkäfer auf die Suche nach einem geeigneten Platz für die Eiablage. Mit Vorliebe wählt sie die Wurzeln von Laubbaumstümpfen, seltener von Nadelbäumen aus. Sie gräbt sich 25 bis 50 Zentimeter tief in die Erde ein. Dort legt sie nach und nach 12 bis 14 Eier in die Nähe des morschen, feuchten und verpilzten Holzes.

Verwandlung im Verborgenen

Nicht nur die Größe des Hirschkäfers, auch die Dauer seiner Entwicklung ist rekordverdächtig. Zwischen fünf und acht Jahre vergehen, bis aus dem Ei ein Käfer wird. Zunächst verbringt der Nachwuchs 14 Tage als Ei, bis er sich in eine Larve verwandelt. Diese frisst sich erst durch die Erde und nach wenigen Tagen ins modernde Holz. In enger Zusammenarbeit mit Mikroorganismen wird es nach mehrmaligem Verzehr in Humus verwandelt. Damit leisten die Larven nebenbei einen wichtigen Beitrag für einen nährstoffreichen Boden.

Die Larve wird von Jahr zu Jahr größer. Deshalb muss sie sich insgesamt mindestens zwei Mal häuten. Schließlich ist sie bis zu 120 Millimeter groß und 16 Gramm schwer. Ab dem dritten Lebensjahr kann sie sich zur Verwandlung in einen Käfer entscheiden. Diese Entscheidung kann sie zwischen Mai und Juni treffen. Zögert sie zu lange, muss sie ein Jahr lang auf die nächste Gelegenheit warten. Wann es so weit ist, hängt neben der vorhandenen Nahrung auch von der Genetik und Gruppendynamik ab.

Allgemein gilt: Je besser das Nahrungsangebot ist, desto schneller kann sich der Hirschkäfer entwickeln und desto größer wird er.

Bevor die Metamorphose beginnt, verlässt die Larve das Holz. Im Erdreich baut sie sich eine geräumige Erdkammer – die *Puppenwiege*. Nun verwandelt sie sich allmählich in eine Puppe. Beim Männchen sind jetzt bereits die geweihartigen Mandibeln zu erkennen. Im Herbst, ab September, liegen die fertigen Käfer in der Puppenwiege. Vor Frost geschützt warten sie auf den Frühling.

Zwischen Wald und Siedlung

Am liebsten lebt der Hirschkäfer in Wäldern, in denen alte Eichen wachsen. Dort findet man ihn an sonnigen und trockenen Plätzen – im Gegensatz zu seinem Nachwuchs, der den feuchten, modrigen Waldkeller bevorzugt.

Mit dem Wald schwand vielerorts die Heimat des Hirschkäfers. Doch auch in Gärten und Parks, auf Friedhöfen, Wiesen und Weiden hat er sich angesiedelt. Dafür braucht es allerdings genug Nahrung für den Käfer und seine Larven. Der erwachsene Hirschkäfer ernährt sich neben Baumsäften auch von den Säften reifer Früchte. Die Larven benötigen Totholz, das bereits von Rotfäule und Weißfäule erzeugenden Pilzen vorbereitet wurde. Im Wald dienen Wurzeln toter Bäume und in der Erde liegende Äste als Kinderstube. In Siedlungen begnügt sich der Käfer bei der Eiablage hingegen auch mit hölzernen Kompostumrandungen, Weidepfählen und Zaunpfählen.

Dort, wo totholzreiche Wälder Mangelware sind, stellen Streuobstwiesen und Gärten mit alten Obstbäumen einen begehrten Ersatzlebensraum dar. Besonnte Stämme laden zum Verweilen ein, Obst und aus Wunden fließender Baumsaft bieten ein reichhaltiges Buffet für die Käfer und in den Stümpfen und Wurzeln abgestorbener Obstbäume kann die nächste Generation heranwachsen.

Am liebsten lebt der Hirschkäfer in Wäldern, in denen alte Eichen wachsen.

Mulm und Humus – was ist das?

Totholz wird von Pionieren aus dem Reich der Insekten besiedelt. Sie bohren und fressen sich durch das Holz. Dabei wird es zerkleinert und mit nährstoffreichem, tierischem Material angereichert: *Mulm* entsteht und erleichtert die weitere Zersetzung.

Das im Mulm enthaltene Holz wird von Pilzen und Bakterien in seine Bestandteile zerlegt. Der entstandene *Humus* ist ein wichtiger Bestandteil des Bodens. In einem fortwährenden Zersetzungsprozess sammeln sich im Humus weitere tierische und pflanzliche Substanzen an. Die in ihnen gebundenen Nährstoffe werden so in den Stoffkreislauf zurückgeführt und stehen anderen Organismen wieder für die Ernährung zur Verfügung.

Lebensraumverluste treffen den Hirschkäfer besonders schwer. Das liegt nicht nur an der langen Zeit, die er in der Erde verbringt, bevor er sich auf die Suche nach einem Partner begibt. Dem Hirschkäfer fällt auch die Neubesiedlung von Lebensräumen schwer. Denn er breitet sich nur in einem Umkreis von zwei bis fünf Kilometern aus. Gibt es in diesem Bereich keinen geeigneten Ersatzlebensraum, bleibt seine Suche vergeblich. Deswegen ist für ihn die Steigerung des Totholzanteils in unseren Wäldern wichtig. Dem Hirschkäfer ist allerdings nicht damit gedient, wenn Totholz zwar erst einmal liegen bleibt, dann aber nach wenigen Monaten oder Jahren entfernt wird. Denn angesichts seiner bis zu acht Jahre dauernden Entwicklung muss das Totholz dauerhaft im Wald bleiben.

Totholz – Lebensraum für den Hirschkäfer

Bereits im Jahr 1935 wurde der Hirschkäfer in Deutschland gesetzlich unter Schutz gestellt. Dennoch wird er heute in der *Roten Liste* als *stark gefährdet* eingestuft. Der Grund dafür liegt vor allem in dem großflächigen Verlust geeigneter Lebensräume.

Sterbende und abgestorbene Bäume sind die Lebensgrundlage für den Hirschkäfer. Deswegen sollten sie, wo immer es möglich ist, erhalten werden. Wenn ein Baum gefällt werden muss, sollte zumindest der Stumpf stehen bleiben und die Wurzeln sollten langsam im Boden zerfallen dürfen. Auch »blutende« Stellen bedürfen keiner Wundversorgung. Denn an Wunden, die Frost, Blitze oder umgestürzte Nachbarbäume in der Rinde hinterlassen haben, finden Hirschkäfer Nahrung.

Eine Burg für den Hirschkäfer

Käferburgen sind eine erprobte Möglichkeit, um dem Hirschkäfer einen Ersatzlebensraum bereitzustellen. Dazu werden Stämme und Äste im Boden eingegraben und die Lücken mit Holzhäcksel gefüllt (siehe Seite 146). In Gebieten, in denen es an Totholz mangelt, kann dadurch die lange Zeit überbrückt werden, die es braucht, bis ein Baum alt genug ist, um als Kinderstube für den Käfernachwuchs zu dienen.

Sowohl der Hirschkäfer als auch der Balkenschröter wählt als Kinderstube für den Nachwuchs bevorzugt die Wurzeln von Laubbaumstümpfen aus.

Kleiner Bruder: der Balkenschröter

Der Balkenschröter *(Dorcus parallelipipedus)* wird im Volksmund auch »kleiner Hirschkäfer« genannt. Nicht zu Unrecht, denn die beiden sind Verwandte. Sie zählen zu den sieben in Deutschland bekannten Arten, die der Familie der Schröter angehören. Der Name deutet bereits auf die Ähnlichkeit in der Lebensweise – und in den Problemen – hin. Die Käfer schroten, also zerkleinern, Totholz. Es ist ihre Nahrung und die brauchen sie zum Leben. Gleichzeitig sind sie ein wichtiger Bestandteil innerhalb eines funktionierenden Ökosystems. Einerseits verwandeln sie Holz in Mulm (siehe Seiten 44, 76). Damit schaffen sie die Grundlage für die Arbeit von Bodenlebewesen, die den Mulm in Humus verwandeln. Andererseits dienen die Larven und Puppen des Balkenschröters zahlreichen anderen Tierarten als Nahrung. Mit seinem Vorkommen lässt sich deshalb auch die Artenvielfalt fördern.

Bilder rechts: Das Hirschkäfer-Weibchen (links) kann leicht mit dem Balkenschröter (rechts) verwechselt werden.

Wie der Hirschkäfer lebt auch der Balkenschröter lange Zeit versteckt in moderndem Holz. Mit zwei bis drei Jahren hält er sich dort deutlich kürzer auf als sein großer Verwandter. Dennoch wird deutlich, dass auch er auf ein konstantes Totholzvorkommen angewiesen ist.

»Wer bist du?« Diese Frage stellt sich vor allem, vergleicht man den Balkenschröter mit dem weiblichen Hirschkäfer. Denn beim Balkenschröter ähneln sich die Geschlechter stark. Einen auffälligen Kopfschmuck wie beim männlichen Hirschkäfer gibt es bei ihnen nicht. Doch Farbe und Struktur bieten Hilfe bei der Unterscheidung. Während die Flügeldecken beim Hirschkäfer rotbraun gefärbt sind und durch die feine Punktierung glatt wirken, sind sie beim Balkenschröter schwarz gefärbt und grob punktiert. Außerdem ist der Balkenschröter mit 19 bis 32 Millimeter Länge deutlich kleiner als der weibliche Hirschkäfer mit 25 bis 50 Millimeter.

Der Buchdrucker

Ips typographus

Borkenkäfer, darunter auch der Buchdrucker, gelten als Erzfeinde des Waldes. Beim Gedanken an sie drängen sich Bilder von trostlosen Baumfriedhöfen auf. Die Ausmaße wurden in den 1990er-Jahren deutlich, als Buchdrucker den Nationalpark Bayerischer Wald heimsuchten. Zurück blieb ein Meer aus Fichtenskeletten, das Besucher schockierte und den Leitgedanken von Nationalparks in Frage stellte: *Natur Natur sein lassen*. Doch die Nationalparkverwaltung hielt daran fest. Heute kann man dort eine Landschaft erkunden, die Leben und Tod vereint. Zwischen dem Grau der Baumgerippe wächst frisches Grün empor: die nächste Waldgeneration.

Die Nahrung – auf der Suche nach leichter Beute

Der Buchdrucker zählt zu den über 150 in Europa bekannten Borkenkäferarten. Seinen Namen hat er von den schriftähnlichen Mustern, die die Larven in der Rinde hinterlassen, wenn sie dort Gänge anlegen.

Der nur wenige Millimeter große Buchdrucker kann bis zu zwei Jahre alt werden. Neben den erwachsenen Käfern können auch die Larven und Puppen den Winter überstehen. Klettert das Thermometer im Frühling über 15 Grad Celsius, verlassen die erwachsenen Käfer den Schutz ihres Winterverstecks unter der Rinde oder im Boden. Sie begeben sich auf die Suche nach einer geschwächten Fichte. Hin und wieder begnügen sie sich auch mit Kiefern und Lärchen, allerdings fällt ihr Bruterfolg dort geringer aus. Als Verteidigung gegen Angreifer produzieren Fichten Harz. Bohrt sich ein Buchdrucker in die Rinde, wird er von einem Harztröpfchen ertränkt. Stehen Fichten aber unter Stress, sind sie eine leichte Beute für die hungrigen Käfer. In Deutschland ist diese Baumart nur in den Gebirgen einheimisch. Denn sie braucht ein feuchtes, kühles Klima. Dennoch machen Fichten heute über 25 Prozent des Baumbestandes in deutschen Wäldern aus und sind damit die häufigste Baumart. Für die Fichte ist das kein Grund zur Freude. Denn abseits ihrer Heimat ist es ihr zu trocken und die Harzproduktion gerät ins Stocken. Der Buchdrucker nutzt die Gelegenheit: Er bohrt sich ungehindert in die Rinde.

Bilder links: Der Buchdrucker fördert den Wandel im Wald.
oben: neue Waldgeneration im Nationalpark Eifel
unten links: Gänge des Buchdrucker-Weibchens in der Rinde
unten rechts: Gänge der Buchdrucker-Larven

Die Kommunikation – dufte Botschaften

Hat ein Buchdruckermännchen eine geeignete Fichte gefunden, ruft es Verstärkung. Dafür nutzt es einen Duftstoff, auf den seine Artgenossen fliegen. Die begehrte Nahrung mit anderen Männchen zu teilen, und das sogar während der Paarungszeit, ist nicht uneigennützig. Denn mit dem nächsten Regen könnte der geschwächte Baum genug Harz produzieren, um dem Erstbesiedler den Garaus zu machen. Je zahlreicher die Besiedlung ist, desto sicherer ist sie.

Damit dabei noch genug Platz für den Nachwuchs bleibt, senden die Käfer bei einer hohen Besiedlungsdichte weitere Duftstoffe aus. Sie signalisieren Neuankömmlingen: Hier ist besetzt, sucht euch einen anderen Baum!

Nach der Überwindung der schützenden Borke beginnt der Innenausbau. Für den bevorstehenden Damenbesuch legen die Buchdruckermännchen *Rammelkammern* an. Nachdem darin die Paarung stattgefunden hat, übernimmt das Buchdruckerweibchen den Bau. Es legt im Bast, der nährstoffreichen, innersten Schicht der Rinde, einen Muttergang mit winzigen Nischen für die Eier an. Das Männchen betätigt sich als Bauhelfer, indem es das anfallende Bohrmehl im Rückwärtsgang nach draußen befördert.

Die Entwicklung – vom Ei zum Käfer

Innerhalb einer Saison legt das Weibchen zwischen 100 und 200 Eier. Zwei bis vier Wochen nach der Besiedlung des Baumes können die erwachsenen Käfer erneut ausschwärmen und einen neuen Baum suchen. Darin legen sie eine weitere, sogenannte *Geschwisterbrut* an.

In jede Nische wird ein Ei gebettet und mit etwas Bohrmehl zugedeckt. Daraus schlüpft die Larve. Sie beginnt augenblicklich damit, sich durch den Bast zu fressen. Je dicker sie wird, umso breiter wird der Gang. Die ausgewachsene Larve verpuppt sich in der *Puppenwiege*. Aus der weißen Puppe wird ein hellbrauner Käfer. Sein Geburtsbaum bietet ihm ein Versteck und Nahrung, bis er schließlich als dunkelbrauner Käfer davonfliegt.

Die Lebensader der Fichte wird vom Buchdrucker durchtrennt. Denn durch den Bast werden die Nährstoffe von der Krone über den Stamm bis zu den Wurzeln transportiert. Wird dieser Transportweg unterbrochen, bricht die Nährstoffversorgung zusammen und die Fichte stirbt. Warme und regenarme Sommer sorgen nicht nur dafür, dass sich die Fichten schlechter wehren

Die Lebensadern der Fichten *(Picea abies)* werden vom Buchdrucker durchtrennt. Denn durch den Bast werden die Nährstoffe von der Krone über den Stamm bis zu den Wurzeln transportiert.

können. Sie beschleunigen auch die Entwicklung der Käfer. Abhängig von der Temperatur braucht der Wandel vom Ei bis zum Käfer zwischen sechs und zwölf Wochen. Je wärmer es ist, umso schneller schwärmt die nächste Generation zur Paarung aus. Rechnet man Verluste mit ein, kann sich ein Weibchen innerhalb eines Jahres über mehr als 100 000 Kinder, Enkel und Urenkel freuen.

Der Buchdrucker – Botschafter für natürliche Wälder

Bei einer solchen Massenvermehrung haben auch gesunde Bäume schlechte Karten. Doch dazu kommt es nur, wenn wir Menschen die Spielregeln verändert haben. Abseits ihrer kühlen und regenreichen Heimat sind Fichten besonders empfindlich gegenüber Trockenstress. Das macht sie anfällig für Borkenkäfer.

Der Ameisenbuntkäfer – Jäger im Borkenkäferrevier

Erobern Borkenkäfer einen Baum, bleibt das im Wald nicht lange unbemerkt. Denn ihre Gegenspieler haben gelernt, die chemischen Signale der Käfer für ihren Zweck zu nutzen. Einer der effektivsten Jäger ist der Ameisenbuntkäfer *(Thanasimus formicarius)*. Sein ameisenähnliches Aussehen gab ihm seinen Namen. Nadelwälder sind die Heimat des auffällig gefärbten Käfers. Dort begibt er sich auf die Suche nach Borkenkäfern.

Besonders bemerkenswert ist seine Jagdstrategie: Der Ameisenbuntkäfer kann die Duftstoffe wahrnehmen, mit denen Borkenkäfer ihre Artgenossen zu einem Baum locken. Diese Pheromone verraten ihm genau, wo sich seine Beute aufhält. Dort angekommen, begibt er sich sofort auf die Jagd. Ein erwachsener Ameisenbuntkäfer kann mehrere Borkenkäfer pro Tag erbeuten. Diese Spezialisierung besitzt er von klein auf: Die Weibchen legen ihre Eier in der Nähe der Borkenkäferbrut ab. Die geschlüpften Larven dringen in die Brutgänge unter der Rinde ein und ernähren sich dort von Eiern, Larven und Puppen der Borkenkäfer.

Durch diese doppelte Wirkung – Imagines erbeuten Imagines und die Larven erledigen den Rest – gehört der Ameisenbuntkäfer zu den bedeutendsten natürlichen Gegenspielern der Borkenkäfer. Untersuchungen zeigen, dass er für rund 20 Prozent der natürlichen Sterblichkeit von Buchdrucker-Populationen verantwortlich sein kann.

Wo Totholz im Wald bleibt, entsteht also nicht nur neuer Lebensraum für unzählige Arten – dort halten auch kleine, oft übersehene Räuber die Borkenkäfer in Schach.

Der Klimawandel heizt die Lage weiter an. Die Temperaturen steigen, Dürren und Stürme nehmen zu. Als Flachwurzler sind Fichten bei Stürmen besonders gefährdet. Leicht können ganze Bestände entwurzelt werden – ein Schlaraffenland für den Buchdrucker. Für uns Menschen bedeutet das keineswegs nur einen finanziellen Schaden. Denn wir sind auf die Schutzfunktionen von Wäldern angewiesen. Sie speichern Wasser, verhindern Erosionen und Erdrutsche, spenden Ruhe und Erholung, fördern unsere Gesundheit, liefern uns die Luft zum Atmen und sorgen für Schatten und Abkühlung.

Statt ihn als Schädling zu betrachten, sollten wir im Buchdrucker einen Botschafter für den Wert natürlicher Wälder sehen. Denn durch sein massenhaftes Auftreten zeigt er uns schonungslos naturferne Wälder auf. In jüngeren Nationalparks, zum Beispiel in der Eifel oder im Harz, hat er mit seinem Werk erst begonnen. Dort sieht es vielerorts aus wie in unserem ältesten Nationalpark im Bayerischen Wald in den 1990er-Jahren. Heute kann man dort auf eine neue, artenreiche Waldgeneration blicken. Die Natur Natur sein lassen, braucht Geduld. Doch die lohnt sich.

Auch in einem natürlichen Wald haben die Bäume Gegenspieler. Doch sie können sich besser zur Wehr setzten. In den ursprünglichen Fichtenwäldern der deutschen Gebirge oder der borealen Zone hoch im Norden ist der Buchdrucker Teil der natürlichen Artenausstattung. Ermüdet dort ein Baum, wird er vom Käfer überwältigt und steht totholzliebenden Arten als Lebensraum zur Verfügung. Durch die Lücke im Kronendach gelangt für kurze Zeit Licht auf den Waldboden. Dadurch kann innerhalb des Waldes auch für licht- und wärmeliebende Arten ein kleines Paradies entstehen. In diesem Mosaik aus unterschiedlichen Lebensräumen ist der Artenreichtum natürlicher Wälder begründet.

Gleichzeitig sorgt der Buchdrucker dafür, dass der Wald gesund ist und Fichten natürlicherweise nur dort vorkommen, wo sie geeignete Bedingungen finden: Einerseits unterstützt er die Verjüngung des Waldes, indem er das Absterben von alten Bäumen beschleunigt. Andererseits sortiert er kranke und schlecht angepasste Bäume aus. Die Natur jenseits des Menschen kennt weder *Schädlinge* noch *Nützlinge*. Diese Wörter sind Kategorien menschlichen Denkens. So ist auch der Buchdrucker weder Schädling noch Nützling, sondern Teil eines Geschehens, das sowohl der Gesundheit des Waldes als auch der darin herrschenden Artenvielfalt dient.

Der Feuersalamander

Salamandra salamandra

Mit seinem schwarz-gelben Gewand gehört der Feuersalamander zu den auffälligsten Angehörigen unserer heimischen Amphibienwelt. Den Wiedererkennungswert hat sich auch Rudolf Moos zunutze gemacht, als er ihn 1904 zum Markenzeichen eines deutschen Schuhherstellers machte. Lange Zeit später, im Jahr 1937, folgte mit *Lurchi* die entsprechende Comicfigur. Sie sollte mehrere Generationen von Kindern in Deutschland prägen und dem Feuersalamander zu großer Sympathie verhelfen. Diese hatte er nach den beschwerlichen vorangegangenen Jahrtausenden dringend nötig. Zwar wurden dem Feuersalamander sowohl negative als auch positive Fähigkeiten zugeschrieben, doch für ihn selbst endete es dabei nie gut.

Aberglaube – und was dran ist

Bereits im antiken Rom war der Feuersalamander berüchtigt. Plinius der Ältere beschrieb in seiner *Naturalis historia* – einer über Jahrhunderte geschätzten naturwissenschaftlichen Enzyklopädie – die Fähigkeit, »ganze Völker zu vernichten«. Die Angst vor seiner Giftigkeit nahm auch im Mittelalter nicht ab. Damals glaubte man, ein in den Brunnen gefallener Feuersalamander würde das Wasser darin vergiften und der »bloße Hauch eines Atems« würde genügen, um einen Menschen zu töten. Doch nicht nur für Krankheit und Tod wurde der Feuersalamander verantwortlich gemacht, auch die Macht über das Feuer wurde ihm angedichtet. Dem Glauben nach konnte er im Feuer leben und die Flammen sogar löschen. Letzteres brachte ihm die fragwürdige Ehre als Beschützer vor Bränden ein. Mit inbrünstiger Hoffnung wurde der Feuersalamander kurzerhand ins Feuer geworfen und lebendig verbrannt.

Die Wurzeln dieser Feuersage finden sich vermutlich in der Lebensweise der Menschen. Nachdem sie das draußen gelagerte Feuerholz nach drinnen gebracht und im Ofen entfacht hatten, könnte daraus gelegentlich ein schwarzgelb gemustertes Wesen hervorgekrochen sein: der Feuersalamander. In der Dunkelheit des Holzstapels hatte er sich in Sicherheit gewähnt, bis seine Welt plötzlich in Flammen aufging und er die Flucht antreten musste.

Bild links: Der Feuersalamander versteckt sich tagsüber bevorzugt unter liegendem Totholz. In der Nacht verlässt er diese Verstecke und begibt sich auf Nahrungssuche.

Wie unwirklich diese Sagen auch erscheinen, steckt in ihnen doch ein wahrer Kern. Denn der Feuersalamander kann tatsächlich Gifte absondern. Seine Färbung warnt auf den ersten Blick: Achtung, ich bin giftig! Bei Gefahr sondert er über seine Hautdrüsen hochgiftige alkaloide Substanzen ab. Sie können bei seinen Fressfeinden zu Krämpfen bis hin zum Tod führen. Für unsere Haut sind sie zwar harmlos, doch ein Kontakt mit den Schleimhäuten könnte reizend wirken.

Dank dieser Verteidigungsstrategie hat der Feuersalamander nur wenige Feinde und kann in der Natur ein beeindruckendes Alter von über 20 Jahren erreichen. Doch die Gefahr, verspeist zu werden, ist nicht die einzige in seinem Leben.

Das Klima – feucht und dunkel

Als Amphibie ist der Feuersalamander mit einer durchlässigen Haut ausgestattet. Sie kann Wasserverluste kaum verhindern, ermöglicht aber die Aufnahme von Feuchtigkeit aus der Umgebung. Ist das aufgrund von Trockenheit über längere Zeit nicht möglich, bedeutet das sein Todesurteil. Deswegen scheut der Feuersalamander Sonne, Hitze und Trockenheit. Er ist lieber nachts in feuchten, mit Bächen durchzogenen Laubwäldern und Laubmischwäldern unterwegs. Neben dem Mikroklima entscheidet vor allem das Angebot an geeigneten Verstecken und Larvengewässern über seine Anwesenheit.

Die Verstecke – Aussicht auf Frühstück

Als Tagesversteck kommt alles in Frage, was niedrige Temperaturen und hohe Luftfeuchtigkeit verspricht. Im Wald steht beim Feuersalamander liegendes Totholz hoch im Kurs. Unter einem umgestürzten Baum bettet er sich den Tag über in der feuchten, kühlen Erde. Dort ist er sowohl vor der Hitze der Sonne als auch vor den Blicken umherstreifender Räuber geschützt. Außerdem wimmelt es vor Würmern und Insekten, die unfreiwillig sozusagen als Frühstück im Bett dienen. Auch Risse in Baumstämmen sowie Spalten und Löcher in der Erde sucht der Feuersalamander als Tagesversteck auf. Im Garten kann man ihn mit Laubhaufen, Steinhaufen und Komposthaufen ebenso unterstützen wie mit Natursteinmauern. Auch ein schattig gelegener

Die kühlen Quellbereiche von Bächen in alten Buchenwäldern bieten den Larven des Feuersalamanders ideale Entwicklungsräume.

Haufen aus Totholz ist als Unterschlupf beliebt. Hat der Feuersalamander ein geeignetes Versteck gefunden, bleibt er ihm oft über mehrere Monate oder sogar Jahre treu. Im Winter zieht sich der Feuersalamander in frostsichere Verstecke zurück. Sie reichen von Höhlen und Spalten im Boden oder Fels über Kleinsäugerbaue bis hin zu Stollen und Kellern. Obwohl der Feuersalamander mit Ausnahme der Paarung einzelgängerisch unterwegs ist, finden sich in den Winterverstecken manchmal mehrere Hundert Tiere zusammen.

Die Gewässer – Leben entsteht

Im Frühling beginnt die Suche nach einem Larvengewässer. Im Gegensatz zu Kröten und Fröschen ist der Mutterleib der hochschwangeren Salamanderweibchen nicht mit Eiern, sondern mit schlupffertigen Larven gefüllt. Für die Geburt suchen viele von ihnen Jahr für Jahr dasselbe Gewässer auf. Dort legen sie dann zwischen zehn und 70 Larven ins Wasser, mitunter verteilt über mehrere Nächte. Innerhalb von wenigen Monaten kann die Metamorphose vom unter Wasser lebenden hin zum an Land lebenden Feuersalamander vonstattengehen. Doch je weniger Nahrung es gibt und je kälter das Wasser ist, desto länger dauert der Gestaltwechsel – im Extremfall jahrelang.

Um ihrem Nachwuchs einen guten Start ins Leben zu ermöglichen, sucht das Weibchen mit Sorgfalt den Ort der Geburt aus. Am sichersten sind seine Larven dort, wo es keine Fische gibt. Deswegen bevorzugt es kleine, fischfreie Bäche in der Nähe der Quelle sowie flache Bereiche in Tümpeln oder Teichen. Hin und wieder kommt es auch vor, dass die nächste Generation in mit Wasser gefüllten Fahrspuren, Gräben und anderen Vertiefungen menschlichen Ursprungs heranwächst.

Ein dahinplätschernder Bach kann aus der Sicht der winzigen Larven zu einem gefährlichen Ungeheuer werden. Denn sie können leicht vom Wasser mitgerissen werden. Die Rettung kann im Wasser liegendes Totholz sein: Es drosselt die Fließgeschwindigkeit und bietet Deckung vor Feinden (siehe auch Seite 41).

Der Salamanderfresser-Pilz

Der Hautpilz *Batrachochytrium salamandrivorans* (Bsal) ist ein Krankheitserreger, der insbesondere Salamander und Molche befällt. Der Pilz wurde in Europa erstmals 2013 beschrieben, nachdem es seit 2008 zunächst unerklärliche massive Bestandsrückgänge beim Feuersalamander gab. Später zeigte die Untersuchung alter Proben, dass der Erreger schon mehrere Jahre früher in Deutschland vorkam. Infizierte Salamander entwickeln Hautläsionen, die wichtige Körperfunktionen stören und zum Tod führen.

Der Pilz stammt aus Asien und wurde wahrscheinlich über den internationalen Amphibienhandel nach Europa eingeschleppt. Neben Feuersalamandern können auch Molche und andere Amphibien von Bsal betroffen sein. Hier braucht es dringend mehr Forschung, die sich nicht nur auf Feuersalamander fokussiert. Das ist besonders deshalb wichtig, weil auch andere Arten Bsal übertragen können.

Eine Behandlung ist aktuell, wenn überhaupt, nur unter Laborbedingungen möglich. Daher konzentrieren sich Forschung und Naturschutz vor allem auf Monitoring, Prävention und die Eindämmung der weiteren Ausbreitung.

Was können wir tun?

Wir können unsere Schuhe nach einer Wanderung mit 70-prozentigem Alkohol desinfizieren und so die Gefahr, die Pilzsporen zu verbreiten, minimieren.

Bild rechts: Der Feuersalamander nutzt moosbewachsenes Totholz als kühles und feuchtes Tagesversteck.

Die Welt des Feuersalamanders im Wandel

Die Welt des Feuersalamanders hat sich gewandelt. Während früher jedes Kind den Feuersalamander vom Waldspaziergang her kannte, ist sein Anblick heute eine Seltenheit. Seine Heimat, die uralten, feuchten Buchenwälder, fielen zunehmend der Nutzung durch den Menschen zum Opfer. Stattdessen schossen vielerorts Fichtenmonokulturen aus dem Boden. Durch die hohe Verdunstung sind Böden und Gewässer darin von Austrocknung bedroht. Die höhere Verdunstungsrate bei Fichten wird zum einen damit erklärt, dass bei Laubbäumen die aktive Verdunstung spätestens im November endet. Immergrüne Nadelbäume wie die Fichte können hingegen auch in den Wintermonaten transpirieren. Zum anderen ist auch die Blattmasse beziehungsweise Nadelmasse mitentscheidend für die Verdunstungsrate. Denn je mehr Blätter beziehungsweise Nadeln ein Baum besitzt, desto größer ist die Oberfläche, über die Wasser verdunsten kann. Und Fichten haben eine hohe Nadelmasse.

Die Vorstellung eines aufgeräumten Waldes verdrängte zudem das Totholz aus den Wäldern. Damit wurden Nahrung und Verstecke für den Feuersalamander immer weniger.

Als wäre dieser Wandel im Wald nicht genug, findet er auch außerhalb statt. Immer dichter drängen sich Siedlungen an den Waldrand. Sich schlängelnde Bäche werden in funktionale Kanäle verwandelt. Begradigt und betoniert, bleibt kein Platz für den Feuersalamander.

Gegenwärtig kämpfen ganze Populationen mit dem Salamanderfresser-Pilz (siehe Seite 90). Umso weniger wundert es, dass der Feuersalamander heute zu einer seltenen Erscheinung geworden ist. Doch, und das ist die gute Nachricht, ihm kann geholfen werden.

Hilfe für den Feuersalamander

Für den Schutz des Feuersalamanders braucht es ein natürliches Geflecht aus Laubwäldern und Laubmischwäldern sowie geeigneten Gewässern. Totholz im Wasser und am Land bietet ihm zudem Kost und Logis. Wir Menschen, als Nutzer des Waldes, können sein Gesicht salamanderfreundlich umgestalten: Nicht nur Besitzer von Waldgebieten haben die Gestaltung des Waldes in der Hand. Auch alle anderen haben die Möglichkeit, zum Beispiel auf lokalpolitischer Ebene, Einfluss auf die forstwirtschaftliche Nutzung zu nehmen.

Auch Gärten kommen als Heimat für Feuersalamander infrage. Sofern der Garten in ihrem Verbreitungsgebiet liegt, können wir dort sowohl Gefahren vermeiden als auch Schutz bereitstellen: Schächte am Haus lassen sich leicht amphibiensicher gestalten, damit sie nicht zur tödlichen Falle werden. In Kellern oder Schuppen, in denen sich Feuersalamander im Winter niederlassen, sollten Störungen vermieden werden. Das erleichtert ihnen die Wartezeit auf den nächsten Frühling. Außerdem können wir mit der Gestaltung des Gartens dafür sorgen, dass sich Feuersalamander richtig wohlfühlen.

Der Biber

Castor fiber

Der Biber gräbt Baue, fällt Bäume und baut Dämme und Burgen. Wie kein anderes Tier kann er dadurch die Landschaft zum eigenen Vorteil und zum Vorteil anderer Arten gestalten. Gleichzeitig ist er mit seiner Nagetätigkeit einer der wichtigsten Totholzproduzenten überhaupt.

Ernährungsexperte mit Biss

Auf der Speisekarte des Bibers steht ausschließlich pflanzliche Kost. Und er versteht es, seine Ernährung ausgewogen zu gestalten. Im Sommer ernährt er sich vor allem von Gräsern, Kräutern, Wasserpflanzen, Blättern und Trieben. Im Winter begnügt er sich mit der Rinde von Bäumen und Sträuchern. Insgesamt nutzt der Biber über 300 Pflanzenarten als Nahrung. Nährstoffdefizite einer Pflanze kann er durch die Ernährung mit anderen Pflanzen ausgleichen.

Zwar bevorzugt der Biber Weichholz wie das von Weiden, Birken oder Erlen, doch auch Hartholz kann seinem Gebiss nichts anhaben. Der Grund liegt in der orangebraunen Färbung seiner Schneidezähne. Sie wird durch Eisenverbindungen verursacht, die auf der Vorderseite eingelagert sind. Im Gegensatz zur Hinterseite ist sie somit härter und nutzt sich deutlich langsamer ab. Beim Nagen wird die Schneidekante dadurch automatisch geschärft. Anders als bei uns Menschen haben die Schneidezähne des Bibers eine offene Zahnwurzel und wachsen ständig nach – immerhin einen Millimeter pro Tag.

Taucher mit handwerklichem Geschick

An Land wirkt der Biber schwerfällig. Die Suche und den Transport der Nahrung bestreitet er am liebsten schwimmend. Dort, wo es nötig ist, kontrolliert er den Wasserstand mit dem aufwendigen Bau von Dämmen. Ein hoher Wasserstand ermöglicht ihm nicht nur eine schnelle Fortbewegung und einen kräftesparenden Transport von Nahrung sowie Baumaterial. Er stellt auch sicher, dass der Eingang zu seinem Bau unter Wasser liegt. Nur ab einer Wassertiefe von 80 Zentimeter ist dieser vor Feinden geschützt und kann im Winter nicht zufrieren.

Bild links: Der Biber ernährt sich im Sommer unter anderem von den Blättern und Zweigen der am Gewässer wachsenden Weiden.

Da der Biber das ganze Jahr über aktiv ist, benötigt er auch in der kalten Jahreszeit Nahrung und muss sich auf die Suche danach begeben können. Um Kräfte zu sparen, hält er sich dabei nahe bei seinem Bau auf und begnügt sich mit Rinde, Wurzeln und Knollen. Dort, wo die Gewässer zufrieren und somit der Weg ans Land versperrt ist, legt er Nahrungsvorräte unter Wasser an.

Der Biber ist ein Meister der Dammbaukunst. Als Baumaterial nutzt er nicht nur Äste und Zweige, sondern auch Steine, Schlamm oder sogar die Stängel von Mais und anderen Getreidepflanzen. Sein Bauwerk hat er genau im Blick: Baumängel werden unverzüglich ausgebessert und auf einen veränderten Wasserstand reagiert er, indem er bestehende Dämme abbaut oder neue Dämme aufbaut.

An die Arbeit im Wasser ist sein Körper bestens angepasst. Bis zu 20 Minuten lang kann er tauchen. Ermöglicht wird das durch die Speicherung von Sauerstoff in seinem Muskelgewebe. Unter Wasser kann er nicht nur seine Nase und Ohren verschließen, sondern auch seinen Rachen. Durch Hautfalten hinter den Nagezähnen kann er trotzdem nagen und schlucken, ohne sich zu verschlucken. Mithilfe seiner Vorderpfoten mit fünf feingliedrigen Fingern kann er geschickt zugreifen. Die Hinterpfoten mit Schwimmhäuten sind im Wasser der Hauptantrieb des Bibers. Sein breiter, flacher, mit hornartigen Hautplättchen besetzter Schwanz – die sogenannte Kelle – ist ein echtes Multifunktionswerkzeug: Im Wasser unterstützt es den Antrieb und ermöglicht die Steuerung. An Land stützt sich der Biber mit dem Schwanz, wenn er seine Vorderpfoten nicht frei hat. Außerdem kommuniziert er damit. Bei Gefahr warnt er seine Familienmitglieder, indem er mit einem laut platschenden Schwanzschlag abtaucht.

Das Biberrevier – artenreich und wandelbar

Vor dem Damm ist das Wasser tiefer und es fließt langsamer. Mit ihm werden auch Schwebstoffe zurückgehalten, die vielerorts in großen Mengen in die Gewässer geraten. Die darin enthaltenen Nährstoffe werden von den Unterwasserpflanzen im Biberteich aufgenommen und regen sie zum Wachstum an. Fische und Amphibien wissen das Versteck und die Nahrung zu schätzen. Das erklärt, warum in Biberrevieren nicht nur mehr, sondern auch größere Fische leben. Mit seiner Bautätigkeit sorgt der Biber für einen

Bild rechts: Der Biberbau staut das Wasser auf.

höheren Grundwasserspiegel. Im Randbereich des Fließgewässers können dadurch in Mulden Kleinstgewässer entstehen. Sie sind zunächst fischfrei, was sie zu einem sicheren Laichgewässer für Amphibien macht. Die fisch- und amphibienreichen Biberreviere locken neue Nachbarn an. Vom Eisvogel über den Schwarzstorch bis hin zum Fischotter – die Plätze am reich gedeckten Tisch sind begehrt.

Hinter dem Damm fließt das Gewässer wieder flacher und schneller dahin. Zudem ist es nach dem Herausfiltern der Schwebstoffe klarer. Davon profitieren wiederum andere Arten. Und noch eine Leistung erbringt der Biber: den Hochwasserschutz. Durch den Dammbau reduziert er die Geschwindigkeit des Wasserdurchflusses um das bis zu 160-Fache. Dadurch hat das Wasser mehrere Tage bis Wochen Zeit, um zu versickern oder zu verdunsten. Das kappt die vielerorts gefürchteten Hochwasserspitzen und gewinnt in Hinblick auf häufiger auftretende Starkregenereignisse noch an Bedeutung.

Der Biber fällt mit seinen besonders harten, eisenhaltigen Zähnen selbst dicke Bäume. Dadurch verändert er Gewässer und schafft neue Lebensräume, von denen auch andere Tiere wie der Eisvogel profitieren.

Das Biberrevier – Leben im Totholz

Durch seine Nagetätigkeit erzeugt der Biber stehendes und liegendes Totholz. Um an Blätter und Rinde als Nahrung und Stämme und Äste als Baumaterial zu gelangen, fällt er Bäume. Hin und wieder kommt es vor, dass ein angenagter Baum nicht umfällt, weil er von einem Nachbarbaum aufgefangen wird. Auf dem dadurch entstehenden Totholz gedeihen Pflanzen und Pilze, in Baumhöhlen finden Vögel einen Nistplatz und Säugetiere ein Schlafquartier. Bringt der Biber den Baum wie geplant zu Fall, legt sich sein Geäst oft wie ein schützendes Dach über und in das Gewässer. Im Wasser bietet es nicht nur Schutz. Durch die veränderten Strömungsverhältnisse schafft es auch Mikrohabitate (siehe Seiten 41, 42). Diese werden von zahlreichen Fischarten als Laichplatz genutzt und sind eine wertvolle Bereicherung für das Ökosystem.

Bild links: Der Biber unterstützt mit seinem Dammbau den Hochwasserschutz.

Pro Jahr fällt ein Biber durchschnittlich zehn Bäume mit einem Stammdurchmesser von etwa 18 Zentimetern und einer Stammlänge von 12 Metern (umgerechnet sind das pro Stamm 0,3 sogenannte Vorratsfestmeter, also Festmeter unter Einbezug der Rinde).

Bei 40 000 Bibern in Deutschland sind das 400 000 Stämme pro Jahr (umgerechnet 120 000 Vorratsfestmeter). Das klingt zunächst viel. Doch demgegenüber werden durch die Forstwirtschaft (laut Bundeswaldinventur 2022) jährlich 72 600 000 Erntefestmeter gefällt. Die Maßeinheit »Erntefestmeter« besagt, dass nicht vermarktbare Bestandteile der gefällten Bäume, beispielsweise die Rinde, abgezogen werden. In Vorratsfestmetern ausgedrückt, wäre die Zahl also noch höher.

Die Rückkehr eines Architekten

Bereits vor 15 Millionen Jahren hat der Biber die Landschaft in Europa gestaltet. Nachdem er in den letzten Jahrhunderten fast ausgerottet war, hat er heute vielerorts seinen Platz als Architekt wieder eingenommen. Um Flüsse und Bäche zu renaturieren, braucht der Biber weder Geld noch Maschinen. Allein Zeit und Platz müssen wir ihm lassen, damit er die Natur ins Gleichgewicht bringt – ob bei Dürre oder Starkregen.

Gleichzeitig produziert der Biber Totholz in einer Vielfältigkeit wie keine andere Tierart. Die Palette reicht von stehendem und liegendem Totholz über Totholz auf dem Land bis hin zu solchem im Wasser. All das macht Biberreviere zu artenreichen Lebensräumen, wie man sie heute nur noch selten findet.

Der Biber ist bei uns in Deutschland mittlerweile gesetzlich besonders und streng geschützt. Damit ist es verboten, ihm nachzustellen, ihn zu fangen, zu verletzen oder zu töten. Das beinhaltet selbstverständlich auch das Verbot, seine Bauwerke zu beschädigen. Dank der Schutz- und Wiederansiedlungsprojekte der letzten Jahrzehnte kann sich der Biber heute wieder als Produzent von Totholz und Architekt für artenreiche Biotope betätigen.

Bilder links:
oben: An den Vorderpfoten hat der Biber fünf feingliedrige Finger, mit denen er geschickt zugreifen kann.
unten links: Die Kelle unterstützt im Wasser den Antrieb und ermöglicht die Steuerung.
unten rechts: Nase, Augen und Ohren des Bibers befinden sich beim Schwimmen über der Wasseroberfläche. Damit kann er Gefahren frühzeitig erkennen.

Die Zwergfledermaus

Pipistrellus pipistrellus

Nicht viele Tiere haben die Fantasie des Menschen so stark angeregt wie die Fledermäuse. Leider sind es vor allem Schauergeschichten, die sich um sie ranken. Lange Zeit war nicht viel aus dem Leben der Fledermäuse bekannt. Denn die heimlichen Tiere bekommt man nicht oft zu Gesicht. Begab man sich auf ihre Spur, landete man oft in unheimlichen Höhlen und Ruinen.

Fliegen nachts Fledermäuse über die Dächer und durch die Straßen, handelt es sich vermutlich um Zwergfledermäuse. Die knapp daumengroßen Winzlinge tauchen für einen Wimpernschlag aus der Dunkelheit auf, um sogleich wieder darin zu verschwinden.

Die Zwergfledermaus ist die häufigste europäische Fledermausart. Sie hat sich hervorragend an ein Leben in unserer Nähe angepasst. Heute besiedelt sie Keller und Dachböden, Spalten in Fassaden, Fensterläden und Fensterbänken. Ein geräumiges Quartier spricht sich schnell herum. Mancherorts finden sich Hunderte Zwergfledermäuse zusammen.

Heimliche Waldbewohner und rasante Jäger

Früher, als die Zwergfledermaus noch nicht in Häusern lebte, begegnete man ihr vor allem in Wäldern. Voraussetzung dafür sind – früher wie heute – alte Bäume mit Totholzstrukturen. Denn zu den natürlichen Quartieren der Fledermaus gehören Rindentaschen, Spalten und Höhlen in Bäumen. In dicken Bäumen sind frostsichere Höhlen sogar als Winterquartier geeignet. Diese Strukturen, über Jahre und Jahrzehnte entstanden, bieten Schutz vor Feinden, Kälte und Trockenheit. Eine ausreichende Luftfeuchtigkeit ist vor allem bei der Überwinterung wichtig, damit die zarten Wesen nicht austrocknen.

Nicht nur bei ihrer Unterkunft, auch bei der Ernährung ist die Zwergfledermaus wenig wählerisch. Sie jagt in der Dunkelheit und nimmt ihre Umgebung trotzdem wahr: Mithilfe von Echoortung kann sie sich ein Bild davon machen. Dafür stößt sie eine rasante Abfolge von Rufen aus. Unsere Ohren sind dafür taub. Während unser Hörvermögen bei etwa 20 Kilohertz endet, reichen die Orientierungsrufe der Zwergfledermaus über 50 Kilohertz

Bilder links: Baumhöhlen und vollständig hohle Bäume (oben) bieten mitunter mehreren Hundert Fledermäusen sichere Quartiere. Die winzige Zwergfledermaus (unten) passt mit nur etwa vier Zentimetern Körpergröße sogar in schmale Spalten und Rindentaschen.

weit in den Ultraschallbereich. Erst mit einem Fledermausdetektor kann man hören, wie laut die Stille der Nacht für unsere tierischen Nachbarn ist. Die hohen Töne haben nicht nur den Vorteil, dass unser Schlaf nicht gestört wird. Sie ermöglichen dem rasanten Jäger vor allem ein genaueres Bild. Denn je höher der Ton ist, desto kürzer ist die Schallwelle und genauer die Ortung. Mit einer Wellenlänge von knapp 7 Millimeter nimmt die Fledermaus auch Beutetiere von der Größe einer Fliege als scharfes Echo wahr. Je nachdem, welche Insekten sich am nächtlichen Himmel tummeln, verändert sich ihre Speisekarte. Mücken, Falter und Käfer stehen darauf weit oben. Pro Nacht kann der hungrige Flugkünstler bis zu 4000 Mücken vertilgen!

Schutz von Totholz ... und von Insekten

Schutz brauchen Fledermäuse sowohl in Wäldern als auch in Siedlungen. Haben sich Fledermäuse in Gebäuden angesiedelt, ist es wichtig, Störungen vor allem während der Aufzucht des Nachwuchses, von Juni bis August, und während der Überwinterung, von Oktober bis April, zu unterlassen.

Bilder rechts: Die Zwergfledermaus braucht für ihren Lebensraum Bäume mit Totholzstrukturen, das können auch Kopfbäume (rechts) sein.

Oft gehen Fledermausquartiere bei Sanierungsarbeiten verloren. Damit die standorttreuen Untermieter nicht eingesperrt oder ausgesperrt werden, braucht es vorab Kontrollen sowie den Erhalt oder Ersatz von Quartieren.

In Wäldern und Gärten steht der Erhalt von Totholzstrukturen an erster Stelle. Bäume mit Höhlen, Spalten und Taschen sollten stehen bleiben. Außerdem gilt: Wer Spechten hilft, hilft auch Fledermäusen. Denn die handwerklich begabten Vögel sorgen für Nachschub an Höhlenbäumen. Während der Wohnraum beim Buntspecht gemütlich klein ausfällt, ist er beim Schwarzspecht geräumiger und bietet Platz für eine große Wohngemeinschaft. Durch rücksichtsvolle Kontrollen und Kartierungen können von Fledermäusen genutzte Höhlenbäume besser geschützt werden.

Ob im Garten, auf den Feldern und Wiesen oder im Wald: Fledermäuse benötigen Insekten für ihre Ernährung, doch diese werden immer weniger. Pestizide in Gärten sowie in der Forstwirtschaft und Landwirtschaft treffen sie besonders hart. Denn dadurch werden die Beutetiere einerseits weniger und andererseits mit Giftstoffen belastet. Diese reichern sich im Körper der Fledermäuse an und können schlimmstenfalls zum Tod führen. Indem wir Insekten schützen, helfen wir auch unseren heimlichen Nachtflatterern.

Die Rötelmaus

Myodes glareolus

Die Rötelmaus hat sich den volkstümlichen Namen »Waldwühlmaus« tatkräftig verdient. Sie gehört zu den kleinen Herrschern des Waldes. Verborgen unter dem Waldboden liegt ihr Königreich. Es ist von einem weit verzweigten Netz aus Gängen und Höhlen durchzogen. In ihnen verschwindet die Rötelmaus blitzschnell, sobald sie Gefahr wittert. Mit ihrer Schnelligkeit kann sie den Feinden ein Schippchen schlagen. Doch sie darf auch den Überblick nicht verlieren. Denn nicht nur am Boden wird die Maus belauert, auch aus der Luft wirft man ein Auge auf sie. Vom Fuchs über die Wildkatze bis zum Waldkauz – der flinke Nager ist ein begehrter Leckerbissen. Kein Wunder, dass sich die Maus bei oberirdischen Ausflügen bedeckt hält und mit dem Ausbau ihres unterirdischen Reichs für Schutz sorgt. Beim Graben lockert sie den Waldboden und vermischt ihn mit zersetztem Laub und Totholz.

Totholz – Verkehrsweg, Versteck und Vorrat

Noch heute ist die Waldwühlmaus als Schädling verrufen, weil sie die Wurzeln von Bäumen frisst. Doch damit tut man ihr Unrecht. Um zu verstehen, warum sie dem Wald nicht schadet, sondern ihm nutzt, lohnt sich ein Blick auf ihren Lebensraum: Die Maus lebt am liebsten dort, wo sie Nahrung und Schutz findet. Obwohl sie zu den anpassungsfähigsten Arten gehört, zieht sie liegendes Totholz dem kahlen Waldboden vor. Es bietet einerseits Deckung. In und auf ihm findet sie andererseits Leckereien wie Pilze und Keimlinge sowie Insekten, Spinnen und Würmer. Auf ihm läuft sie zu rekordverdächtigen Höchstleistungen auf. Denn die Waldwühlmaus kann nicht nur wühlen, sondern auch rasant rennen. Liegende Stämme und Äste dienen ihr dabei als Autobahn. Ungehindert von auf der Strecke liegenden Hindernissen kann sie darauf hin und her flitzen.

Neben dem Schlaraffenland im Totholz findet die Waldwühlmaus auch auf dem Waldboden Köstlichkeiten. Dort warten Nüsse, Eicheln und Bucheckern auf den hungrigen Nager. Die Bäume stört es nicht, dass ihre Früchte stibitzt werden, im Gegenteil. Denn beim Verstecken der Vorräte für den Winter verliert oder vergisst die Maus hier und da einen Teil ihrer Beute. Damit erweist

Bilder links: Die Rötelmaus findet im Totholz Schutz und Nahrung – etwa den Westlichen Sechsstreifen-Saftkugler (unten).

sie dem Wald einen unschätzbaren Dienst: Im nächsten Frühling keimen aus den vergessenen Früchten unzählige junge Bäumchen.

Pilze – die Maus als Partner

Wenn die Waldwühlmaus im Verborgenen ihre Gänge gräbt, begegnet sie einer für den Wald lebenswichtigen Symbiose: der *Mykorrhiza* (siehe auch Seite 28). Die feinen Wurzeln der Bäume sind in einen weißen Pilzmantel gehüllt. Er besteht aus dem watteartigen Fadengeflecht – dem Myzel (siehe Seite 114 Apfel oder Apfelbaum) – der *Mykorrhizapilze*. Mit ihm durchwachsen die Pilze Erde und Holz. Baum und Pilz gehen in der Mykorrhiza eine *Symbiose* ein. Der Baum teilt den Zucker, den er bei der Photosynthese gebildet hat, mit dem Pilz und bekommt dafür Wasser und Nährstoffe – ein Tauschgeschäft, von dem beide Seiten profitieren.

Die Waldwühlmaus unterstützt diese Symbiose: Sie lässt sich die Pilzkörper und Pilzfäden schmecken. Anschließend verteilt sie die Reste über ihren Kot und ihr Fell im Wald. Dadurch hilft sie nicht nur den Pilzen bei der Verbreitung, sondern auch den Bäumen bei der Versorgung mit Mykorrhizapilzen.

Wald – waldfreundlich ist mausfreundlich

Zurück zum Vorurteil, dass die Waldwühlmaus dem Wald schadet, weil sie die Wurzeln der Bäume frisst. Obwohl die wichtige Rolle des kleinen Nagers heute bekannt ist, steckt darin ein wahrer Kern. Zumindest wenn man die gesetzliche Definition eines Waldes heranzieht: Nach § 2 des Bundeswaldgesetzes ist jede mit Forstpflanzen besetzte Fläche ein Wald. Darunter fallen zum Beispiel auch forstwirtschaftliche Flächen, die nach einem Kahlschlag, Sturm oder Käferschaden aufgeräumt und mit Setzlingen aufgeforstet wurden. In einer solchen ökologischen Wüste sucht die Maus jedoch vergeblich nach Nahrung – mit Ausnahme der zarten Triebe und Wurzeln der Setzlinge. Der beste Schutz vor solchen Schäden ist ein naturnaher Wald. Findet die Waldwühlmaus nämlich genug Bäume und Totholz, die sie mit Früchten, Pilzen oder Insekten versorgen, ist beiden geholfen: der Maus und dem Wald.

Bild folgende Doppelseite: Der Goldgelbe Zitterling *(Tramella mesenterica)* wächst vor allem an abgestorbenen Ästen und Zweigen.

Auch im Totholz nutzt die Rötelmaus Gänge, um sich unentdeckt fortzubewegen.

Das Hantavirus

Die Rötelmaus landet regelmäßig in den Schlagzeilen. »Virenschleuder« und »unterschätzte Gefahr« wird ihr nachgerufen. Tatsächlich kann sie uns Menschen gefährlich werden, denn sie überträgt das *Hantavirus.* Oft stecken sich Menschen an, ohne dass sie überhaupt eine Maus zu sehen bekommen: über den Kot. Solange man den Kot nicht berührt, kann nichts passieren? Weit gefehlt. Oft wird er beim Fegen im Schuppen oder beim Laubsaugen im Garten aufgewirbelt und eingeatmet – und mit ihm die Krankheitserreger. Neben der Gefahr für im Laub lebende Tiere ist das ein weiterer guter Grund, auf das Laubsaugen zu verzichten.

Die grippeähnlichen Symptome treten erst nach zwei bis vier Wochen auf. Von der Krankheit können auch die Nieren betroffen sein und das kann schlimmstenfalls tödlich enden. Doch Todesfälle sind zum Glück ausgesprochen selten. Dennoch sollte man kein Risiko eingehen und sich bei Arbeiten mit Ansteckungsgefahr schützen und anschließend, klar, Händewaschen nicht vergessen.

Pilze

im Lebensraum Totholz

Der Zunderschwamm

Fomes fomentarius

Vor vielen Jahrhunderten führten Reisen unsere Vorfahren vielerorts durch unberührte Wälder. Neben den Wegen reckten sich uralte Bäume dem Himmel entgegen. An ihnen fanden sich kleine und große Bewohner ein. Zu Letzteren gehörte der Zunderschwamm. In den Urwäldern, die früher hierzulande das Gesicht der Landschaft prägten, konnte es dieser Pilz auf eine Größe von 50 Zentimeter bringen. Heute begegnet man in unseren Wäldern solchen Riesen nur noch selten. Doch beginnen wir am Anfang: beim Einzug.

Als Wohnung sucht sich der Zunderschwamm in Deutschland bevorzugt die Buche aus. Doch auch andere Laubbäume wie Ahorn, Birke, Eiche und selten Nadelbäume bewohnt er. Damit es dazu kommt, braucht er ein Loch im Schutzschild des Baumes – der Rinde. Das können kleine Risse oder große Abbrüche sein. Deswegen wird der Zunderschwamm auch als Schwächeparasit bezeichnet.

Wie alle Pilze vermehrt er sich über Sporen. Sie messen nur einen Bruchteil eines Millimeters. Millionenfach werden sie in die Luft abgegeben und vom Wind davongetragen. Wer Glück hat, landet am verletzten Stamm oder Ast eines Baumes. Jetzt kann das Wachstum beginnen.

Wie viel Jahre hast du auf dem Buckel?

Die Fruchtkörper des Zunderschwamms lassen sich in allen Jahreszeiten entdecken. Sie wachsen halbkreisförmig oder hufförmig am Baum. In unseren Wäldern werden sie durchschnittlich zehn bis 30 Zentimeter breit und fünf bis 20 Zentimeter dick. Oft wachsen sie in Gruppen zusammen. Wäre da nicht der Buckel, könnte man bei ihrem Anblick an Regelbretter denken, die kreuz und quer angebracht wurden. Die buckelige Oberseite ist von Jahresringen zerfurcht. Das Alter kann man daran, anders als bei Bäumen, jedoch nicht ablesen. Denn mehrmals jährlich findet ein Wachstumsschub statt, der für einen neuen Ring sorgt.

Kein Zunderschwamm gleicht dem anderen. Die Farbpalette reicht von hellem über dunkles Grau fast bis zu Schwarz. Farbenfrohe Akzente werden in den unterschiedlichsten Braunfacetten gesetzt.

Bilder links: Die Ringe, die sich in Wachstumsphasen bilden, lassen den Zunderschwamm buckelig wirken.

Ist hier etwas faul?

Der *Myzelialkern* ist die Nabelschnur des Zunderschwamms. Er verbindet den Fruchtkörper mit dem nährenden Myzel im Inneren des Baumes. Die *Myzelfäden* durchziehen das Holz und zersetzen es. Der Zunderschwamm baut gleichmäßig die Hauptbestandteile des Holzes ab – Lignin, Cellulose und Hemicellulose. Dadurch wird es spröde und bricht leichter. Diese Art des Abbaus wird als *simultane Weißfäule* oder *Simultanfäule* bezeichnet.

Sollte der Baum eines Tages der Kraft eines Sturmes nicht mehr standhalten können und umstürzen, dann würden wir auch das Ende des langlebigen Fruchtkörpers erwarten. Doch der Zunderschwamm kann auch auf abgestorbenem Holz weiterwachsen. Nicht nur die dünnen Myzelfäden können das, sondern auch die imposanten Konsolen. Doch die stehen nach dem Fall des Baumes nun vertikal, statt horizontal. Das widerspricht ihrer Natur, sind sie doch so gebaut, dass die Sporen in der Porenschicht an der Unterseite ungehindert von herabrinnendem Wasser reifen können.

Apfel oder Apfelbaum?

Gehen wir durch den Wald, nehmen wir den Großteil der Pilze nicht wahr. Denn sie bevölkern eine heimliche Welt, in die wir nur einen kleinen Blick werfen können. Was wir landläufig als Pilz betiteln, umfasst nur einen kleinen Teil von ihm. Ähnlich wie der Apfel »nur« die Frucht des Apfelbaumes ist, ist der farbenfrohe Fliegenpilz genauso wie der getarnte Steinpilz »nur« der Fruchtkörper des Pilzes. Der eigentliche Körper – das *Myzel* – wächst unterirdisch. Als Geflecht mikroskopisch dünner Fäden durchwuchert es Erde, Laub und Holz. Die Fruchtkörper zahlreicher Arten haben ihren Auftritt nur in einer kurzen Zeit des Jahres. Doch im Untergrund arbeiten die Pilze das ganze Jahr über. Als »Müllabfuhr« des Waldes zersetzen sie Blätter und Holz in ihre Bestandteile und machen sie den Bäumen und anderen pflanzlichen Bewohnern als Nahrung verfügbar.

Dabei arbeiten sie Hand in Hand mit Würmern, Käfern, Asseln, Bakterien und Co. Im Waldboden herrscht ein Gewimmel, an das keine Großstadt heranreicht: In den oberen 30 Zentimetern eines intakten Bodens leben pro Quadratmeter durchschnittlich 1 Billion Bakterien, 11 Milliarden Pilze, 10 000 Borstenwürmer, 100 Käfer und Larven, 80 Regenwürmer und 50 Asseln – um nur einen Teil der Bewohner des Untergrundes zu nennen. Gemeinsam sorgen sie dafür, dass der Wald nicht in einer meterhohen Laubschicht versinkt.

Die Farben der Fruchtkörper des Zunderschwamms umfassen die unterschiedlichsten Braun- und Grautöne.

Um sich schnellstmöglich aus dieser misslichen Lage zu befreien, hilft dem Pilz der Gravitropismus, also die durch die Erdbeschleunigung verursachte Richtung des Wachstums: Beim nächsten Wachstumsschub beginnen die Konsolen mit der Richtungsänderung. Sie wachsen unbeeindruckt horizontal mit der Porenschicht nach unten – rechtwinklig zum vertikal stehenden Fruchtkörper. So kann der Zunderschwamm jahrelang weiterwachsen und ein stattliches Alter von bis zu 30 Jahren erreichen.

Henker oder Hebamme?

Der Zunderschwamm bringt den Tod. Doch das ist nur die Sicht des Baumes, den er zu Fall bringt. Denn gleichzeitig bringt der Pilz Leben in den Wald. Durch seine Lebensweise sorgt er für wichtige Biotope innerhalb des Waldes. Im Laufe der Jahre schafft er durch die Zersetzung des Holzes *Sollbruchstellen*. Bei einem Sturm kann der Baum dort regelrecht abbrechen. Oft bleibt ein

Der Myzelialkern verbindet den Fruchtkörper des Zunderschwamms mit dem nährenden Myzel im Inneren des Baumes.

großer Teil des Stammes stehen und bietet über Jahre hinweg einen wichtigen Lebensraum für etliche Vogel-, Säugetier- und Insektenarten. Auch der am Boden liegende Stamm- und Kronenbereich stellt eine breite Palette an Totholzstrukturen dar. Dort finden Feuchtigkeit liebende genauso wie Wärme und Trockenheit liebende Arten einen Lebensraum.

Die Entnahme von Zunderschwammbäumen reißt eine ökologische Lücke in den Wald. Der Zunderschwamm lässt nicht nur Lebensräume entstehen, sondern bietet auch Nahrung für zahlreiche Insektenarten. Und auch vom Menschen wurde er zu Nahrungszwecken genutzt.

Entgegen seinem Ruf, dass er auch gesunde Bäume »ansteckt« und befällt, lebt der Zunderschwamm lediglich als Schwäche- und Wundparasit. Obwohl der Begriff »Parasit« negativ besetzt ist, übernimmt der Pilz damit eine wichtige Rolle in der Natur. Denn er sortiert schwache Bäume aus und verhindert somit die Weitergabe ihres Erbguts. Somit können sich nur gesunde Bäume, mit ausreichend Widerstandskraft gegen Parasiten, vermehren.

Haareis – Winterwunder am Totholz

Frostige Wintertage verändern das Gesicht von totem Holz. Hauchdünne, seidige Eisfäden überziehen das Holz wie eine weiße Mähne – ein flüchtiges Kunstwerk aus Tausenden filigranen Kristallen.

Damit Haareis entstehen kann, müssen mehrere Bedingungen zusammenkommen: Die Lufttemperatur liegt knapp unter dem Gefrierpunkt, während es im Inneren des von Feuchtigkeit durchdrungenen Holzes noch etwas wärmer ist. Doch erst wenn zudem Pilze im Holz arbeiten und dabei Gase produzieren, die das Wasser an die kalte Luft drücken, gefriert es dort zu feinen Eisfäden.

Eine entscheidende Rolle spielt die Rosagetönte Gallertkruste *(Exidiopsis effusa)* – ein unscheinbarer Holzpilz, der abgestorbene Äste besiedelt. Forschende fanden in seinen Stoffwechselprodukten den Grund dafür, dass die filigranen Eiskristalle nicht zu gröberen Strukturen zusammenwachsen. So wachsen die »Eishaare« fortwährend – bis die Sonne oder steigende Temperaturen das vergängliche Winterwunder wieder verschwinden lassen.

Das Phänomen wurde bereits 1918 vom Meteorologen Alfred Wegener beschrieben. Erst rund ein Jahrhundert später gelang es Forschenden, die entscheidende Rolle des Pilzes experimentell nachzuweisen.

Das Judasohr

Auricularia auricula-judae

Der Name *Judasohr* beruht auf der biblischen Geschichte über Judas Iskariot. Der Jünger des Jesus von Nazaret starb laut dem Evangelisten Lukas durch einen Sturz und nach dem Evangelisten Matthäus tötete er sich selbst durch Erhängen. Folgt man regionalen Sagen, diente ihm für Letzteres ein Holunder. Seitdem wachsen seine Ohren aus den Stämmen und Ästen.

Essbares Ohr

In der Gestalt seiner Fruchtkörper hat das Judasohr tatsächlich Ähnlichkeit zum Menschen. Genauer gesagt: zu einem menschlichen Ohr. Das findet sich auch in seinem wissenschaftlichen Namen wieder. Denn das lateinische Wort *auricula* bedeutet Ohr oder Ohrläppchen. Als Angehöriger der Gattung der Ohrlappenpilze ist das Judasohr keineswegs ein visueller Einzelfall. Doch Mykologie-Neulinge können aufatmen: Das Judasohr ist einer der wenigen Speisepilze ohne giftige Doppelgänger. Allerdings rufen einige der Pilze, die Anlass zur Verwechslung bieten – wie das Judas-Öhrchen *(Schizophyllum amplum)* und der Gezonte Ohrenlappenpilz *(Auricularia mesenterica)* –, keine Freude auf dem Gaumen hervor.

Die gallertartigen Fruchtkörper des Judasohrs sind im Gegensatz zu denen zahlreicher anderer Pilzarten das ganze Jahr hindurch zu sehen. Fehlt das Laub in der kalten Jahreszeit, fallen sie leicht ins Auge. Die Außenseite ist rotbraun gefärbt, mitunter mit violettem, grauem oder grünem Farbanflug. Mit etwas Glück lassen sich sogar weiße Fruchtkörper entdecken. Die Oberfläche sieht aus wie von Raureif bedeckt und fühlt sich samtig an.

Strategischer Überlebenskünstler

Der weniger bekannte Name, Holunderschwamm, hat einen sachlicheren Hintergrund. Er basiert auf der bevorzugten Ansiedlung des Pilzes auf dem Schwarzen Holunder. Das Judasohr ist ein *Saprobiont:* Er ernährt sich von Holz und baut es nach und nach ab. Als *Schwächeparasit* nutzt er Wunden in der Rinde von lebenden Bäumen, um sie zu besiedeln. Häufig findet man

Bild links: Die rotbraunen Fruchtkörper des Judasohrs wirken wie von Raureif bedeckt.

Judasohr *(Auricularia auricula-judae)*

die Fruchtkörper an älteren, geschwächten, aber auch an abgestorbenen Stämmen und Ästen.

Hoch über dem feuchtigkeitsspeichernden Boden gestaltet sich die Wasserversorgung schwierig. Dem Judasohr steht Wasser nur unregelmäßig zur Verfügung. Doch der Pilz hat eine außergewöhnliche Strategie entwickelt: Bei Trockenheit schrumpfen die Fruchtkörper zusammen. Rinnt der nächste Regen über die Rinde des Baumes, leben sie wieder auf in ihrer alten Pracht.

Bilder rechts:
oben links: Grünblättriger Schwefelkopf *(Hypholoma fasciculare)*
oben rechts: Buchenschleimrübling *(Oudemansiella mucida)*
unten: Farbenfrohe Begegnung auf dem Totholz: Ein männlicher Bergmolch trifft auf einen Scharlachroten Kelchbecherling *(Sarcoscypha coccinea)*.

Pflanzen

im Lebensraum Totholz

Die Moose

Moose bilden geheimnisvolle Miniaturwälder. Wie eine flauschige Decke verstecken sie Bäume, Felsen und vom Menschen vergessene Bauwerke unter sich. Auf den weichen Polstern, die sie bilden, können wir uns für ein Picknick niederlassen. Doch aufgepasst! Auch an einem warmen, wolkenlosen Sommertag holt man sich dabei leicht einen nassen Hintern. Das führt uns zu einem Geheimnis der Moose: Mit ihren zahlreichen Stämmchen und Blättchen haben sie eine riesige Oberfläche, die sie mit Feuchtigkeit versorgt. Moose sind in der Lage, durchschnittlich das sechs- bis siebenfache ihres Trockengewichts an Feuchtigkeit zu speichern. Die Rekordhalter sind in dieser Hinsicht die aus Mooren bekannten Torfmoose, die sogar das 25-fache ihres Trockengewichts aufnehmen können. Die Wurzeln dienen den Moosen ausschließlich als Halt.

Trockenheit ist dabei für Moose kein Todesurteil. Mitunter jahrelang können sie ohne Flüssigkeit auskommen. Scheintot, braun und trocken, wie sie dastehen, genügt ein Regenschauer, um sie wieder zum Leben zu erwecken.

Moose speichern Wasser

Das Wasser nehmen die Moose nicht nur von unten, sondern vor allem von oben auf. Sommerlicher Regen, winterlicher Nebel oder morgendlicher Tau benetzen die Oberfläche. Darüber werden die Moose auch mit darin enthaltenen Nährstoffen versorgt. Auf einen nährstoffreichen Boden können sie deshalb getrost verzichten. Sogar auf Stein und Rinde gedeihen sie.

Moosbewachsene Bäume nehmen davon übrigens keinen Schaden. Im Gegenteil: Moose nutzen dem ganzen Wald durch ihren Einfluss auf den Wasserhaushalt. Denn sie nehmen nicht nur schnell Wasser auf, sie geben es auch wieder ab, und zwar langsam. Ist viel davon verfügbar, saugen sich die Moose wie ein Schwamm damit voll. In Trockenzeiten verdunstet und versickert es allmählich und die Pflanzen des Waldes können es aufnehmen.

Sogar die zerstörerische Kraft von Starkregen und Hochwasser wird durch Moose gebremst. Sie funktionieren wie kleine Wasserrückhaltebecken: Das Wasser wird aufgehalten und nach und nach abgegeben. Dadurch können Hochwasserspitzen, Sturzfluten und Erdrutsche abgemildert werden. Das

Bilder links: oben: Goldenes Frauenhaarmoos *(Polytrichum commune)*
unten: Keimlinge gedeihen besonders gut im feuchten Moos.

hilft nicht nur dem Wald, sondern auch uns Menschen. Angesichts der zunehmenden Starkregenereignisse kann diese Funktion der Moose auch im städtischen Bereich hilfreich sein. Zum Beispiel können sie bei Dachbegrünungen eingesetzt werden. Als willkommener Nebeneffekt reinigen Moose die Luft, indem sie Schadstoffe aufnehmen.

Moose düngen den Wald

Obwohl Moose das Gesicht vieler Landschaften, allen voran das von Mooren, prägen, ist ihre Rolle für den Stoffkreislauf bislang nur wenig untersucht. Doch fangen wir vorne an: Einer der für Pflanzen lebenswichtigen Nährstoffe ist Phosphor. Er ist sozusagen ihr Treibstoff – ohne Phosphor kein Wachstum. Die Pflanzen finden Phosphor in Form von Phosphatverbindungen im Boden und Wasser. Doch europaweit leiden die Bäume in den Wäldern an einem Nährstoffmangel. Zum Beispiel hat das Institut für Angewandte Pflanzenbiologie (IAP) in einer Untersuchungsreihe über einen Zeitraum von 25 Jahren festgestellt, dass 2007 etwa 71 Prozent der schweizerischen

Schönes Frauenhaarmoos *(Polytrichum formosum)*

Buchenflächen mit zu wenig Phosphor versorgt waren. Seit 1984 hatte sich dieser Wert fast versechsfacht!

Der Mangel an Phosphor ist vor allem auf den Überschuss an Stickstoff zurückzuführen. Denn die Landwirtschaft sorgt auch abseits der Äcker und Ställe für eine Überdüngung, also eine übermäßige Anreicherung von Nährstoffen im Boden. Damit hat der Wald zu kämpfen: Die versteckten Helfer im Wald, die Mykorrhizapilze (siehe Seiten 28, 108), brauchen zwar Stickstoff, aber zu viel davon schadet ihnen. In der Folge geht es nicht nur den Pilzen schlechter, sondern auch den Bäumen, mit denen sie in einer Symbiose leben.

Auch unser Hunger nach Holz heizt den Phosphormangel an: Um ihn zu befriedigen, werden Bäume heute in verheerender Weise oft mitsamt ihren Ästen und Blättern aus dem Wald geholt. Vor allem in Letzteren befindet sich die wertvolle Substanz. Totholz und Laub werden nicht zersetzt und die Nährstoffe nicht an die anderen Bäume zurückgeführt – der Stoffkreislauf ist unterbrochen (siehe Seite 15).

Bild links: Es hilft dem Wald und ist für uns einfach schön – ein verwunschener Blick in eine Traumwelt aus Moos.

Die Lösung dieses Problems liegt in unserer Hand, und die Moose können uns dabei helfen. Denn sie nehmen mit dem Wasser viele Nährstoffe auf und führen sie dem Wald zu. Damit sorgen sie für einen großen Teil der Phosphatversorgung und leisten einen wertvollen Beitrag zum natürlichen Stoffkreislauf innerhalb des Ökosystems Wald.

Moose auf Totholz

In naturnahen Wäldern kann man umgestürzte Bäume entdecken, die von einer dicken Schicht aus Moos bedeckt sind. Moose an sich zersetzen kein Holz. Doch mit ihrer Fähigkeit, Feuchtigkeit zu speichern, können sie die Verrottung des Holzes beschleunigen. Denn holzzersetzende Pilze brauchen Wasser – nicht zu viel (siehe Seiten 26, 29), aber auch nicht zu wenig. Im Laufe der jahrelangen Zersetzung besiedeln zahlreiche Moosarten das Holz. Denn die unterschiedlichen Zerfallsstadien bieten jeweils andere Wachstumsbedingungen. So ändert sich die Artenzusammensetzung ständig.

Das von Moosen gebildete Mikroklima nutzt sowohl Tieren als auch Pflanzen, die zwischen oder neben ihnen wachsen. Neben dem Feuersalamander, der sich an dem feuchtdunklem Versteck erfreut (siehe ab Seite 87), wimmelt es im Moos vor weitaus kleineren Lebewesen: Bärtierchen, Rädertierchen, Pseudoskorpione, Milben und andere finden dort einen Unterschlupf. Eine faszinierende Welt, deren Schönheit sich oft erst mit einem Blick durchs Mikroskop offenbart. Mit etwas Glück kann man inmitten der Moose, die wie winzige Bäume nebeneinanderstehen, die nächste Baumgeneration entdecken. Denn die riesigen Verwandten nutzen das feuchte Saatbett für ihre zarten Keimlinge. Dort entsteht ein Wald im Miniaturwald.

Wo wir schon einmal bei Miniatur sind: Hierzulande wächst kaum ein Moos höher als 15 Zentimeter. Dafür fehlt es den Moosen an Standfestigkeit. Während die ersten Moosartigen bereits vor etwa 515 Millionen Jahren wuchsen, betraten die Bäume erst vor etwa 300 Millionen Jahren die Bühne der Welt. Damit sie dem Himmel entgegenwachsen konnten, brauchte es einen Stoff: Lignin. Er sorgt für die nötige Stabilität (siehe Seite 26). Moose hingegen können kein Lignin bilden. Damit bleibt ihnen nur der Platz am Boden des Waldes – es sei denn, sie erobern den Himmel auf dem Rücken der Bäume.

Bilder rechts: oben: Langstieliger Knoblauchschwindling *(Mycetinis alliaceus)*
unten: Totholz wird im Laufe der jahrelangen Zersetzung von zahlreichen Moosarten besiedelt. Oft wachsen auch mehrere Arten nebeneinander.

Die Kopfweide

Hinter der Kopfweide steckt eine jahrhundertelange Tradition. Erste Überlieferungen finden sich bereits im 14. und 15. Jahrhundert. Die Bevölkerung wurde damals aufgefordert, Weiden für die Holzgewinnung zu pflanzen. Damit sollte die Plünderung der Wälder verringert werden.

Früher – die Nutzung

Die Verwendungsmöglichkeiten waren (und sind) zahlreich: Dünne Zweige dienten beispielsweise zum Flechten oder als Schnüre, dicke Zweige für Zäune oder als Stiele für Besen und Werkzeuge. Die übrigen Zweige durften etwa zehn Jahre heranwachsen, bis sie abgeschnitten und zu Brennholz oder Holzkohle verarbeitet wurden. Sogar die Rinde fand Verwendung: In der Volksmedizin wurde sie gegen Rheuma, Fieber, Magen- und Darmbeschwerden eingesetzt. Außerdem linderte das enthaltene *Salicin,* das im Körper in den noch heute verwendeten Wirkstoff Salicylsäure umgewandelt wird, Schmerzen. Durch das regelmäßige Abschneiden der Zweige verwandeln sich die Weiden allmählich zu Kopfweiden.

Heute – die Erhaltung

Die Nutzung der Weide ist bei uns mittlerweile nicht mehr rentabel und deshalb aus der Mode gekommen. Um die Kopfweiden dennoch als Natur- und Kulturgut zu erhalten, wird die Pflanzung und Pflege vielerorts von Naturschutzverbänden übernommen. Je nach Art und Standort bekommt die Kopfweide dabei alle ein bis zehn Jahre eine neue Frisur verpasst. Dafür werden alle Äste in einer Höhe von ein bis vier Meter abgeschnitten. Um zu vermeiden, dass für die Pflege eine Leiter benötigt wird, bietet sich die Kopfhöhe an. Ein höherer Stamm bietet hingegen mehr Raum für Totholzstrukturen. Durch den regelmäßigen Schnitt entsteht das kopfförmige Erscheinungsbild, dem die Kopfweide ihren Namen zu verdanken hat. Denn der Baum versucht, die Wunden, die der Rückschnitt hinterlässt, zu verschließen: Bricht in der Natur ein Ast ab oder reißt die Rinde, bildet sich darüber, wenn

Bilder links: Die Höhlen alter, knorriger Kopfweiden sind ein wichtiger Rückzugsort für den seltenen Steinkauz.

alles gut geht, ein stabiler Wall – der Baum überwallt die Verletzung. Indem dieser Vorgang durch die Pflege von Kopfbäumen regelmäßig angestoßen wird, nimmt der Wall eine Größe an, die es in der Natur nicht gibt. Doch das Bauwerk ist zerbrechlich, denn in und unter dem Kopf sind Hohlräume entstanden. Mit jedem Jahr, in dem die Äste auf dem Haupt der Kopfweide in die Höhe und in die Breite wachsen, lastet ein größeres Gewicht auf dem Stamm. Eines Tages kann er die Last nicht mehr halten und bricht unter ihr zusammen. Das Auseinanderbrechen des Stammes bringt unweigerlich den Verlust der Baumhöhlen mit sich.

Damit es nicht dazu kommt, braucht es regelmäßige Pflegemaßnahmen. Sie erhalten die Stabilität des Baumes und fördern noch dazu die Bildung von Höhlen. Die Pflege ist zeitaufwendig und kostenintensiv. Über öffentliche Fördergelder und private Spenden kann ein Teil der Kosten gedeckt werden. Doch ohne die tatkräftige Unterstützung durch viele fleißige Hände wäre sie nicht zu bewältigen. Oft werden geplante Pflegearbeiten in lokalen Medien oder sozialen Netzwerken bekanntgegeben. Da sachkundige Menschen die Arbeit vor Ort leiten, sind Vorkenntnisse zwar hilfreich, aber nicht notwendig, um sich helfend einzubringen. Ganz im Gegenteil: Bei der Naturschutzarbeit kann man nicht nur der Natur etwas geben, sondern auch Wissen mitnehmen.

Neue Ufer – die Verbreitung

Bei Kopfweiden handelt es sich keineswegs um eine Weidenart. Das eigentümliche Aussehen ist lediglich das Ergebnis des regelmäßigen Schnitts. Neben zahlreichen Weidenarten können auch aus Pappeln, Eschen, Linden und sogar Eichen *Kopfbäume* werden. Die lange Nutzungstradition der Weide wurzelt in ihrem überschwänglichen Wachstum. Zwar brechen ihre Zweige leicht ab, doch genauso schnell wachsen sie nach. An Bächen und Flüssen, dem bevorzugten Lebensraum vieler Weidenarten, passt diese Eigenschaft hervorragend: Die Zweige werden vom Wasser davongetragen, bis sie nach einer mehr oder minder langen Reise an neuen Ufern stranden. Dort schlagen sie Wurzeln und wachsen zu einem neuen Baum heran.

Nicht nur das schnelle Wachstum der Zweige ist eine Besonderheit der Weide. Auch die Bildung von vielfältigen Totholzstrukturen zeichnet sie aus.

Bilder rechts: Kopfweiden können in kurzer Zeit in die Höhe wachsen. Damit ihr Stamm nicht unter der Last ihrer Äste auseinanderbricht, braucht es regelmäßige Pflegemaßnahmen.

Das Köpfen hinterlässt Wunden, die Bakterien und Pilzen wie Feuerschwamm und Austernseitling als Einfallstor dienen. Sie sorgen für ein Vermorschen und Vermulmen des Holzes. Dabei haben sie ein leichtes Spiel. Denn das Holz der Weide enthält im Gegensatz zu dem von Eichen oder Kastanien keine Gerbstoffe. Diese schützen als natürliche Fungizide das Holz vor der Zersetzung durch Pilze. Weil Gerbstoffe fehlen, bilden sich in dem verwundeten Weidenholz im Schnelldurchlauf kleine Hohlräume, die sich im Laufe der Jahre zu großen Baumhöhlen verbinden. Insekten und Spechte unterstützen den Prozess als eifrige Bauhelfer.

Lebensraum Kopfweide – die Höhlen

Wo es ein derart reichhaltiges Angebot an Wohnraum gibt, sind andere totholzliebende Arten nicht weit. Alte, hohle Kopfweiden gehören hierzulande zu den insektenreichsten Pflanzen. Käfer nutzen die modrigen Höhlen als Wohnzimmer, Essplatz und Kinderzimmer. In dem Mulm können sie ungestört ihre mitunter jahrelang andauernde Kindheit als Larven verbringen. Mulmhöhlen sind ein rar gesäter Lebensraum. Unter ihren Bewohnern finden sich seltene und streng geschützte Arten wie der Eremit, eine Urwaldreliktart. Viele dieser Arten lebten ursprünglich in Urwäldern. Nachdem dieser Lebensraum hierzulande verschwunden ist, bieten Kopfweiden keinen Ersatz für miteinander verbundene, totholzreiche Wälder. Denn der Umzug zum nächsten Habitat, wenn des bisherige verschwindet, ist vor allem für Arten, deren Angehörige nicht oder nicht lange fliegen können, eine kaum zu bewältigende Herausforderung. Ob eine Art in den Weiden ein Zuhause findet, hängt also maßgeblich von ihrer Wanderfähigkeit ab. Das tut der großen Bedeutung von Kopfweiden allerdings keinen Abbruch. Denn in Gärten, an Feldern und entlang von Flüssen können sie als Brücken zwischen den verinselten Wäldern dienen. Mit dem Erhalt von Kopfweiden ist der Auftrag verbunden, auch in den Wäldern ein reichhaltiges Totholzvorkommen zu bewahren und zu fördern.

Nicht nur kleine, auch große Bewohner finden sich in den Höhlen ein. Nachdem der Specht beim Bau geholfen hat, beansprucht er die frisch renovierte Wohnung mitunter für sich. Zieht er aus, stehen die gefiederten Bewerber bereits vor der Tür. Die lange Schlange potenzieller Nachmieter reicht von höhlenbrütenden Meisen, Spatzen, Gartenrotschwänzen und Trauerschnäppern über Stockenten, Hohltauben und Wiedehopfe bis hin zu Steinkäuzen und Turmfalken. Die Liste lässt sich noch weiterführen. Denn zu den Arten, die auf Höhlen spezialisiert sind, gesellen sich viele Arten, die zwar nicht auf Höhlen angewiesen sind, sie aber annehmen, wenn sie zur Verfügung stehen.

Neben Vögeln sind die Höhlen auch bei Säugetieren, zum Beispiel Fledermäusen, Mäusen und Siebenschläfern, beliebt. Wirft man einen Blick in ihr Inneres, zeigt sich schnell: Die Kopfweide ist kein verstaubtes Relikt einer in Vergessenheit geratenen Nutzungsgeschichte. Sie ist ein Hotspot der Artenvielfalt. In unserer aufgeräumten Kulturlandschaft brauchen ihre zahlreichen Bewohner unsere Hilfe beim Erhalt ihres Zuhauses.

Lebensraum Kopfweide – die Blüten

Bienen, Hummeln und Schmetterlinge, die zeitig im Jahr unterwegs sind, freuen sich über die Weidenkätzchen. Als Frühblüher bieten die Weiden wertvolle Nahrung im kargen Frühjahr – ein wichtiger Aspekt für den Erhalt der Insektenvielfalt. Bei Weiden gibt es Männchen und Weibchen. In der Fachsprache wird die Weide deshalb als zweihäusig bezeichnet. Das bedeutet, dass ein Baum entweder nur männliche oder nur weibliche Blüten hat. Beide produzieren Nektar, doch nur die männlichen Weidenkätzchen bestechen durch ein reichhaltiges Angebot an Pollen. Besonders wertvoll hinsichtlich Nektar und Pollen sind vor allem die Sal-, Silber-, Purpur- und Trauer-Weide.

Der Nektar versorgt die Insekten nach dem Winter mit Energie, die sie für die kräftezehrende Suche nach einem Nistplatz benötigen. Für Hummeln, die früh im Jahr unterwegs sind, ist das Pollenangebot besonders wichtig: Erst durch diese eiweiß- und vitaminreiche Nahrung können sich die Eierstöcke der Hummelkönigin entwickeln. Hat die Königin ihren Nistplatz – zum Beispiel in einem Totholzhaufen, einer Steinspalte oder in einem Mauseloch – gefunden, beginnt sie bereits früh im Jahr mit der Eiablage. Die daraus schlüpfenden Larven werden ebenfalls mit Pollen gefüttert. Zu Beginn des Nistens sind die Temperaturen noch niedrig. Deswegen macht es die Hummel wie der Vogel: Sie brütet ihre Eier aus. Über ihren Hinterleib gibt sie genug Wärme ab, um die Brut auf kuschelige 30 Grad Celsius zu erwärmen.

Lebensraum Kopfweide – die Pflanzen

Die Rinde der Kopfweide bietet Platz für die Epiphyten unter den Moosen, Flechten und Algen. Auch als *Aufsitzerpflanzen* bezeichnet, wurzeln Epiphyten nicht im Boden, sondern oft auf Stämmen und Ästen. Dabei leben sie lediglich *auf*, nicht aber *von* anderen Pflanzen. Mit Wasser und Mineralstoffen versorgen sie sich selbstständig.

Mit der Hilfe von Vögeln, Mäusen oder Ameisen haben auch Pflanzen mit wohlschmeckenden Früchten die Gelegenheit, die Weide zu erobern. Bisweilen können sie ihr allerdings gefährlich werden. Denn als »gelegentliche« Aufsitzerpflanzen ist ihr Wurzelsystem nicht reduziert wie bei den »echten« Aufsitzerpflanzen. Um Wasser und Nährstoffe aufzunehmen, strecken sie ihre Wurzeln in die Ritzen und Höhlen der Kopfweide. Der Schwarze Holunder hat dabei sogar die Kraft, den Stamm zu spalten. Auch unsere Vorfahren machten sich den nährstoffreichen Mulm aus den Baumhöhlen zunutze – als wertvollen Dünger.

Mit dem Alter steigt die Vielfalt

Die Kopfweide kann bis zu 120 Jahre alt werden. Im Laufe der Zeit nimmt nicht nur ihr Stammumfang zu. Auch die Holzzersetzung in ihrem Inneren schreitet voran. Mit dem Alter entstehen zahlreiche Totholzstrukturen, die einer Fülle an Tieren, Pflanzen und Pilzen als Lebensraum dienen. Durch das Nachpflanzen von Kopfweiden lässt sich dieser Lebensraum langfristig bewahren. Indem stetig neue Weiden gepflanzt werden, bleibt eine abwechslungsreiche Altersstruktur erhalten. Diese Altersvielfalt sorgt auch für eine hohe Zahl unterschiedlich spezialisierter Arten. Ob nun eine Vorliebe für junge Bäume mit zarter Rinde oder für alte Baumriesen mit einem dicken Panzer und geräumigen Höhlen besteht – dort findet jeder eine passende Nische.

Bild folgende Doppelseite: Alte Streuobstwiesen, wie hier in der Urdenbacher Kämpe, bieten einen wertvollen Lebensraum für Totholzliebhaber und zahlreiche andere Tiere.

Kopfweiden lassen sich auch als Allee pflanzen und erhalten (links).
Im Laufe der Jahre schreitet die Holzzersetzung im Inneren der Kopfweide voran (rechts).

Kulturbaum Kopfweide

Die Kopfweide steht für eine jahrhundertealte kulturelle Tradition. Durch die Plünderung und Abholzung von Wäldern nahm das Totholzvorkommen stetig ab. Die Nutzung der Kopfweide schonte nicht nur den Wald. Die Kopfweide entwickelte sich auch zur Botschafterin für den Lebensraum Totholz.

Neben der ökologischen Bedeutung haben die Kopfweide und ihre Pflege auch heute eine kulturelle Bedeutung für uns. Menschen jeden Alters kommen hier zusammen, um »ihre« Bäume zu pflegen. Die Kopfweide bietet Raum, um ein Band mit der Natur zu knüpfen und Wissen über sie zu erlangen. Die Natur gemeinsam zu schützen, voneinander und miteinander zu lernen, kann Brücken bauen. Zwischen den Menschen und zwischen den Lebensräumen. Somit kann man in der Kopfweide heute weitaus mehr sehen als ein artenreiches Kulturdenkmal.

Totholz im Garten

17 Millionen Gärten gibt es schätzungsweise in Deutschland. Durch eine naturnahe Gestaltung können wir grüne Lebensräume schaffen. Totholz, ob im Garten, auf dem Balkon oder im Innenhof, lockt etliche Tiere, Pflanzen und Pilze an. Die Gästeliste reicht von anspruchsvollen Gourmets über kurzzeitige Untermieter bis hin zu sesshaften Stammgästen. Ob klein oder groß, ordentlich oder durcheinander, einfach oder aufwendig – für jedes Gartenkonzept ist etwas Passendes dabei. Dabei gilt: Je vielfältiger das Angebot, desto mehr Gäste lassen sich nieder. Im Folgenden gibt es einige Inspirationen für die Verwendung von Totholz in Siedlungen.

Der Zaun – dickes oder dünnes Insektenparadies

Kaum ein gestalterisches Element im Garten lässt sich leichter naturnah nutzen als ein Zaun. Ob dünne Staketen oder dicke Pfähle, ein Zaun aus Holz ist ein Paradies für Insekten. Vorausgesetzt, es wurde auf eine Behandlung mit giftigen Holzschutzmitteln wie Lacken oder Lasuren verzichtet. Besonders wertvoll ist ein Zaun, wenn die Rinde nicht entfernt wurde. Denn ihre Besiedlung ist der Beginn einer jahrelang bestehenden Wohngemeinschaft. Rindenbewohnende Insekten sind die Pioniere. Sie überwinden die schützende Schicht und lassen sich darin oder darunter nieder. Mit vereinten Kräften und großem Appetit wird sie vom darunter liegenden Holz gelöst. Nun haben es holzbewohnende Insekten leicht, sich in das Holz zu bohren. Ihren Nachwuchs legen sie mitten ins Schlaraffenland. Die nimmersatten Insektenlarven legen im Holz Fraßgänge an, die nach ihrem Auszug solitär lebenden Bienen und Wespen als natürliche Niströhren dienen. Die gemeinschaftlich lebenden Wespen bauen sich ihren Nistraum hingegen in mühevoller Mundarbeit selbst. Dafür nagen sie Totholz ab, um den Holzbrei als Baumaterial für ihre filigranen Nester zu nutzen.

Der Zaun mit Löchern – wer zieht ein?

Wer solitären (keine staatenbildenden) Bienen und Wespen unter die Flügel greifen möchte, kann die Zaunpfähle mit seitlichen Bohrungen versehen. Bohrlöcher mit einem Durchmesser von zwei bis neun Millimeter finden rasch Mieter. Je vielfältiger das Angebot ist, desto mehr Arten siedeln sich an. Bei der Tiefe gilt: Mehr ist mehr. Hauptsache, der Gang ist hinten verschlossen.

Um die zarten Flügel der Bewohner nicht zu gefährden und die Brut vor Parasiten und Feuchtigkeit zu schützen, sind Splitter und Risse tabu. Weichholz fasert leicht und bei nicht ausreichend abgelagertem Holz können Risse entstehen und es kommt zur Verpilzung. Nadelholz birgt zudem die Gefahr der Verharzung. In getrocknetem Hartholz, wie Eiche, Esche, Kastanie oder Buche, lassen sich hingegen sichere Wohnungen bauen. Noch dazu bleiben sie auch ohne Holzschutzmittel jahrelang bestehen. Um Niströhren zu bohren, braucht es lediglich einen Bohrer mit scharfen Aufsätzen und etwas Schleifpapier für den anschließenden Feinschliff. Mit dem Schleifpapier lassen sich abstehende Fasern am Eingang des Lochs leicht entfernen. Eng zusammengerollt, können damit auch Splitter im Inneren der Niströhre entfernt werden.

Unter den Einwirkungen von Sonne, Regen und Schnee verändert sich im Laufe der Jahre das Gesicht des hölzernen Zaunes. Moose und Flechten siedeln sich an, hier und da sogar ein kleiner Pilz. Das tut der Stabilität zunächst keinen Abbruch. Für die Artenvielfalt ist es hingegen der Durchbruch. Denn Moose und Pilze sorgen für ein Klima, bei dem auch Arten auf ihre Kosten kommen, die es feucht und modrig mögen.

Der marode Zaun – was nun?

Wo Holz durch den Kontakt zur Erde am stärksten feucht ist, zersetzt es sich am schnellsten. Im Boden eingegrabene Zaunpfähle, die mit den Jahren marode geworden sind, werden im besten Fall stehen gelassen und in ihrer statischen Funktion durch neue abgelöst, die daneben eingegraben werden. Wo das ein ästhetischer Dorn im Auge ist, können die alten Zaunpfähle über dem Boden abgesägt werden. Die Reste im Boden dienen dann weiterhin Insekten, mit etwas Glück zum Beispiel dem Nachwuchs der Hirschkäfer, als Lebensraum. Die ausrangierten Pfähle setzen – an anderer Stelle eingebuddelt – ihr Leben als stehendes Totholz fort oder beginnen als liegendes Totholz in einem Haufen oder Stapel einen neuen Lebensabschnitt.

Die Nisthilfen – bauen für Bienen und Wespen

Selbstverständlich können Nisthilfen für solitär lebende Bienen und Wespen auch separat aufgestellt werden. Die Vorgehensweise ist die gleiche wie beim Anlegen von Niströhren in Zaunpfählen. Die Bohrlöcher im Hartholz können nach Lust und Laune durch weiteren Insektenwohnraum ergänzt werden. Die Auswahl reicht von hohlen Stroh-, Schilf- und Bambushalmen über markgefüllte Ranken von Brombeere, Himbeere und Rose bis zu ebenfalls mit Mark gefüllten Stängeln von Königskerze, Sonnenblume, Distel und Beifuß. Auch die Zweige vom Flieder werden zahlreich zum Nisten angenommen – im Gegensatz zu denen vom Holunder, die zwar oft in Insektenhotels verbaut, von Wildbienen aber zurückhaltend genutzt werden.

Wie wir es vom Immobilienmarkt kennen, ist die Lage entscheidend für den Erfolg des Maklers: Die hohlen Niströhren dürfen gebündelt und waagerecht angebracht werden. Die markgefüllten Nisthilfen sollten hingegen in Alleinlage und senkrecht stehen, zum Beispiel in die Erde gesteckt oder am Zaun befestigt.

Nach der Besiedlung gilt ein Jahr lang: Bitte nicht stören! Bis die nächste Generation ausgeflogen ist, sollten sie an Ort und Stelle gelassen werden. Die verlassenen Niströhren können danach von Nachmietern genutzt werden. Damit es nicht an Nachschub fehlt, sollten die markgefüllten Nisthilfen jedes Jahr um neue ergänzt werden. Denn die Markbewohner benötigen unberührten Wohnraum.

Nisthilfen – wer wohnt hier?

Die Wildbienen, die in den Stängeln einziehen, haben unterschiedliche Ansprüche an ihren Wohnraum. Die einen bevorzugen bezugsfertige Niströhren, die anderen bauen ihre Nistgänge lieber selbst.

Auch etliche Grabwespen besiedeln mit Vorliebe die renovierungsbedürftigen markgefüllten Stängel. Trotz ihres furchteinflößenden Namens sind sie keine Bedrohung für ihre Nachbarn. Ins Grab bringen sie am liebsten Fliegen, Blattflöhe, Blattläuse und Staubläuse. Diese kleinen Insekten transportieren sie in die Brutzellen, sodass sich der Wespennachwuchs nach dem Schlüpfen in einer gut gefüllten Speisekammer befindet.

Doch auch deren Feinde lassen sich in den markgefüllten Stängeln und Zweigen nieder. Unter den solitär lebenden Insekten gibt es nämlich nicht nur Arten, die ihre Eier wie Vögel ausbrüten (siehe Seite 135), sondern auch Arten, die ihre Eier wie der Kuckuck in fremde Nester legen. Diese *Brutparasiten* werden treffend als *Kuckucksbienen* und *Kuckuckswespen* bezeichnet. Sie nutzen die Fürsorge anderer Bienen und Wespen. Statt ihrem Nachwuchs Brutzellen selbst zu bauen, schmuggeln sie ihre Eier in fremde Behausungen. Dort bringen die Larven nach dem Schlüpfen die Konkurrenz um die Ecke und plündern anschließend die Speisekammer.

Wespen – zu Unrecht verhasste Nachbarn

Dem einen oder anderen wird bei der Vorstellung, Wohnraum für Wespen zu schaffen, ein kalter Schauer über den Rücken laufen. Während sich Bienen und Hummeln bei uns fast ausnahmslos großer Beliebtheit erfreuen, haben Wespen ein schlechtes Image. Sie gelten als gefräßige Kuchendiebe, angriffslustige Sturzpiloten und gefährliche Untermieter. Seit Jahrtausenden halten und züchten wir Bienen zu unseren Gunsten. Wespen erscheinen uns hingegen als unberechenbar. Dabei sind sie für uns und die Natur genauso wichtig.

Wie Bienen bestäuben Wespen Blüten. Und im Gegensatz zu den *Majas* und *Willis* sind sie auch bei Kälte, Wind und Regen im Einsatz. Dem Ruf der *fleißigen Bienchen* stehen andere Insekten um nichts nach: Zwar bestäuben Bienen eine Blüte mit einer höheren Wahrscheinlichkeit als andere Insektengruppen, da sie mehr Pollen transportieren. Doch Wespen, Falter, Käfer und Co. besuchen die Blüten häufiger. Dadurch hält sich ihre Bestäubungsleistung in etwa die Waage. Ohne die Hilfe dieser Bestäuber wäre unser Speiseplan deutlich karger, denn sehr viele Kulturpflanzen werden ausschließlich von Insekten bestäubt.

Noch dazu dezimieren Wespen andere Insekten, zum Beispiel Mücken, Fliegen, Blattläuse und Raupen. Der Nachwuchs eines durchschnittlich großen Hornissenvolks, unsere größte heimische Wespenart, vertilgt pro Tag bis zu 500 Gramm Insekten! Damit sorgen die geschickten Jäger für Gleichgewicht im Garten oder auf dem Balkon. Doch auch bei Wespen heißt es: fressen und gefressen werden. Sind sie auf der Suche nach Nahrung, kann es vorkommen, dass sie kurzerhand selbst verspeist werden. Somit helfen sie unfreiwillig auch Insektenfressern, zum Beispiel Neuntötern, Bienenfressern, Gottesanbeterinnen und Libellen.

Für das schlechte Image von Wespen sind vor allem staatenbildende Arten wie die Gemeine Wespe *(Vespula vulgaris)* oder die Hornisse *(Vespa crabro)* verantwortlich. Ihre Staaten können je nach Art mehrere Hundert oder gar Tausend Tiere umfassen. Für das Nest be-

Nest der staatenbildenden Mittleren Wespe *(Dolichovespula media)*

vorzugen die genannten Wespenarten einen dunklen Platz – in der Natur sind das bei der Gemeinen Wespe zum Beispiel Baue von Mäusen oder Maulwürfen sowie Baumhöhlen bei der Hornisse. Doch ab und zu wählen sie dafür ungünstige Plätze wie einen Rollladenkasten oder einen Lüftungskanal. Das ruft oft Angst hervor, denn Wespen sind dafür berüchtigt, dass sie angriffslustig reagieren, kommt man ihrem Nest zu nahe.

Zugegeben, Wespen im Getränk oder auf dem Kuchen sind keine Freude. Doch auch die Draufgänger unter ihnen sind ein wichtiger Bestandteil unserer Natur. Mit klassischen Insektennisthilfen lockt man sie übrigens nicht an. Denn staatenbildende Wespen wohnen nur in Unterkünften der Marke Eigenbau. Bei Hornissen gibt es allerdings die Möglichkeit, sie bei der Suche nach einem Nistplatz zu unterstützen, und zwar mit speziellen Kästen, wie dem »Mündener Hornissenkasten«. Diese Nisthilfen erinnern mehr an solche für Vögel als für Insekten. Und tatsächlich liegt der Innenausbau auch beim Hornissenkasten in der Hand der Tiere. In den Nistgängen handelsüblicher Insektennisthilfen lassen sich nur jene Wespenarten nieder, die solitär leben. Da sie ihren Nachwuchs in einer mit kleinen Insekten gefüllten Speisekammer sich selbst überlassen, ist bei ihnen weder eine schmerzhafte Verteidigung noch ein Mundraub vom Kuchenbuffet zu befürchten.

Käferburg – eine Kinderstube aus Totholz

Mit einer Käferburg lässt sich im Garten auf einfache Weise wertvoller Lebensraum schaffen. In dieser – auch als Totholzpyramide bekannten Struktur – finden viele Arten einen Rückzugsort. Als Charakterart dient der Hirschkäfer, dessen Larven mehrere Jahre im modrigen, von Pilzen durchzogenen Holz unter der Erde heranwachsen.

Für den Bau wird ein sonniger Standort mit gut grabbarem, durchlässigem Boden gewählt. Dort hebt man ein dreißig bis fünfzig Zentimeter tiefes Kellergeschoss aus. In diese Vertiefung werden dicke Ast- oder Stammstücke aus heimischem Laubholz gestellt, sodass sich mindestens ein Drittel ihrer Länge im Boden befindet. Die längsten Bauteile stehen in der Mitte, kürzere lehnen sich nach außen hin an, sodass ein pyramidenförmiger Aufbau entsteht. Die Zwischenräume werden schließlich mit Holzhäcksel gefüllt.

Mit der Zeit beginnt das Holz, zu verrotten, und verwandelt die Käferburg in einen lebendigen Mikrokosmos – eine Kinderstube für Hirschkäfer & Co. und ein spannender Ort für Naturbeobachtungen im eigenen Garten.

Alte Bäume – Obstbäume und Kopfbäume

Alte, malerische Bäume sind der beste Weg, um Totholz im Garten anzubieten. Bei ihnen gibt es alle erdenklichen Totholzstrukturen. Und dafür müssen wir (fast) nichts tun. Im Laufe der Jahre sterben ohne unser Zutun Äste ab, die Rinde bekommt Risse und Hohlräume entstehen. Wir können uns gemütlich neben den Baum setzten und das bunte Treiben beobachten. Mit dem Einzug von unzähligen Bewohnern nimmt der Wohnraum weiter Gestalt an. Von Käfern bis zu Spechten – die kleinen und großen Handwerker sind unermüdlich im Einsatz. Sie vergrößern die Höhlen, lösen die Rinde ab und zerkleinern nach und nach das Holz.

Vermorschte Bäume lösen oft Unbehagen aus. Vor allem in Gärten, wo die Terrasse oder der Zaun zum Nachbarn nicht weit sind, ist die Angst vor herabfallenden Ästen und umstürzenden Bäumen verbreitet. Wo hingegen keine Gefahr besteht, können alte Bäume zum Lebensmittelpunkt des Gartens werden. Wenn sie stehen bleiben dürfen, können wir über Jahrzehnte hinweg ihren Verfall beobachten. Für den einen oder anderen Nachbarn ist das allenfalls ein Verfall der Sitten. Dann ist es Zeit für Aufklärungsarbeit. Das gemeinsame Beobachten kann zu einem spannenden Ausflug in die Wunderwelt Totholz werden. Beim Anblick von krabbelnden Hirschkäfern, klopfenden Spechten und umherschwirrenden Fledermäusen geraten die ästhetischen Vorstellungen eines aufgeräumten Gartens leicht ins Wanken. Denn was ist schöner, als das (Auf-)Leben im Garten hautnah auf sich wirken zu lassen?

Wo ein instabiler Baum zur Gefahr wird, muss er nicht zwangsläufig den vorzeitigen Tod durch die Kettensäge befürchten. Oft genügt es, wenn einzelne Äste abgeschnitten, die Krone gestutzt oder der Stamm in wenigen Metern Höhe gekappt wird. Die übrig gebliebene Ruine kann zahlreichen Arten noch über Jahre oder Jahrzehnte als beliebter – und zugleich für uns Menschen gefahrloser – Wohnraum dienen.

Doch wohin mit dem Schnittgut? Ob ordentlich gestapelt, wild aufgetürmt, versteckt platziert oder gekonnt inszeniert: Totholz lässt sich in allerlei Formen im Garten oder auf dem Balkon einbeziehen.

Haufen

Einen Totholzhaufen anlegen kann jeder, versprochen. Der Aufwand ist denkbar gering, zugleich bietet der Haufen einen beträchtlichen Nutzen. Amphibien schätzen das feuchte Klima, Käfer das reichhaltige Totholzbuffet, Igel und Schmetterlinge sind angetan vom geschützten Winterquartier und Vögel nutzen den Totholzhaufen als versteckten Nistplatz. Beim Häufen findet alles Verwendung, was im Garten anfällt. Ob dicke Äste vom Obstbaum, dünne Zweige von der Hecke oder das alljährlich auf den Boden hinabsegelnde Laub. Je vielfältiger die Baustoffe sind, desto besser.

Der Vorgarten zum Haufen

Nach kurzer Zeit wächst ohne unser Zutun hier und da eine Pflanze aus dem Haufen empor. Oft sind es Brennnessel, Löwenzahn und andere im Garten wild vorkommende Gewächse, die sich als Erste ansiedeln. Im Gegensatz zu ihrem Ruf als Unkräuter bereichern sie den Haufen-Lebensraum. Bienen, Hummeln, Schmetterlinge und andere Insekten finden dort Nahrung. Das Gewimmel lockt seinerseits Insektenfresser wie Vögel, Igel und Spitzmäuse herbei.

Durch allerlei Anpflanzungen kann die Pflanzenvielfalt erhöht werden: Heimische Wildblumen und Wildkräuter sind eine wertvolle Nahrung für Insekten. Moose nehmen Wasser auf und geben es allmählich an die Umgebung ab. Das sorgt für ein feuchtes Mikroklima, in dem sich Amphibien wohlfühlen. Stachelige Gewächse schrecken Feinde ab. Die Ranken von Brombeere, Himbeere oder Rose legen sich wie ein schützendes Dach über den Totholzhaufen. Darunter können Vögel ungestört brüten. Bei der Auswahl der Gewächse ist es empfehlenswert, Arten zu wählen, die wenig wuchern. Sonst ist der Haufen schnell unter einer undurchdringlichen Schicht aus Zweigen und Blättern verschwunden.

Standortwahl und Vorbereitung

Bevor das Häufen losgehen kann, muss der Standort ausgewählt werden. Eine ungestörte Ecke im Garten eignet sich am besten. Dort können die Bewohner in Ruhe ein Schläfchen halten oder den Nachwuchs aufziehen. Wird der Haufen in oder neben einer Hecke platziert, bietet das zusätzlichen Schutz und eine direkte Anbindung für die Suche nach Nahrung.

Ist ein Platz gefunden, sollte die Grasnarbe abgetragen werden. Zunächst unterteilt man dafür die Fläche durch senkrechte Stiche. Dann wird der Spaten waagerecht unter die Grasnarbe geschoben und das Gras Stück für Stück herausgehoben. Durch die Entfernung der Vegetation hat der Totholzhaufen Kontakt zum Erdboden. Das erleichtert den Bodenlebewesen die Besiedlung.

Damit die Bewohner auch in der kalten Jahreszeit vor Wasser und Frost geschützt sind, sollte mittig unter dem entstehenden Haufen ein Keller gebaut werden, etwa 50 Zentimter tief und im Durchmesser etwa 100 Zentimeter. Bei einem größeren Haufen kann selbstverständlich auch der Durchmesser des Kellers angepasst werden. Je geräumiger der Haufen ist, desto mehr Wohnraum und Komfort bietet er. Denn bei einer dickeren Isolierung ist das Innere sowohl vor Kälte im Winter als auch vor Hitze im Sommer geschützt.

Vor allem bei lehmigen Böden ist es ratsam, den Keller mit einer Drainage auszustatten. In Form einer Schicht aus kleinen Steinen sorgt sie dafür, dass bei starkem Regen keine Pfütze unter dem Totholzhaufen entsteht. Denn wer möchte schon gerne von kaltem Wasser aus dem Winterschlaf geweckt werden? Über der Steinschicht werden Stämme, dicke Äste und Wurzeln wild durcheinander aufgetürmt. Die dabei entstehenden Hohlräume werden locker mit Laub, Gras, Stroh oder Moos gefüllt. So viel, dass ein kuscheliges und feuchtes Mikroklima entsteht, aber so wenig, dass sich die Bewohner noch einen Weg durch das Totholzlabyrinth bahnen können.

Das Häufen

Nachdem der Keller fertig gebaut und eingerichtet ist, geht das Häufen los. Als Fundament bietet sich klein geschnittenes Holz an. Es bietet Insekten, Pilzen und Bakterien eine große Angriffsfläche. Das erleichtert ihnen die Bildung von Mulm, der für gleichmäßige Feuchtigkeit und reichhaltige Nahrung sorgt. Wichtig bei der Anlage des Fundaments ist die Aussparung des Kellers. Denn würde er ebenfalls bedeckt werden, hätten die Bewohner keinen oberirdischen Ein- und Ausgang. Tiere stünden bei ihrer Suche nach einem Winterquartier sozusagen vor verschlossenen Türen. Damit es nicht dazu kommt, wird das klein geschnittene Holz nur auf dem umliegenden Boden verteilt.

Keller und Erdgeschoss stehen – nun geht es an den Bau der darüber liegenden Stockwerke. Über die Statik braucht man sich (fast) keine Gedanken zu machen. Nach Lust und Laune werden Stämme, Äste, Zweige, Rinde und Wurzeln nebeneinander und übereinander gehäuft. Was auf den ersten Blick planlos erscheint, bietet haufenweise Platz für die zukünftigen Bewohner. Der Mut zur Unordnung wird durch das Zwitschern, Rascheln und Knabbern der neuen Nachbarn belohnt. Wer Geduld mitbringt oder sich darin üben möchte, kann beobachten, wie der Zaunkönig sein Nest baut, das Eichhörnchen Zweige für seinen Kobel stibitzt und der Zitronenfalter in die Winterstarre verfällt.

Wenn der Haufen allmählich schrumpft, ist es Zeit für die Renovierung. Für den rücksichtsvollen Vermieter bietet sich dafür der Beginn von Frühling oder Herbst an: Denn zwischen März und April sowie September und Oktober wechseln die Bewohner. Im Laufe des Frühlings wird der Haufen dann von nistenden Vögeln und im Laufe des Herbstes von überwinternden Igeln, Amphibien, Reptilien und Insekten besiedelt. Die Aufbruchsstimmung können wir nutzen, um große Mengen Holz nachzulegen. Kleine Mengen können auch in den anderen Jahreszeiten hin und wieder aufgelegt werden. Vorsichtig, versteht sich, um die Störung möglichst gering zu halten.

In einem Totholzhaufen findet alles einen Platz, was im Garten anfällt: von dicken Ästen bis hin zu dünnen Zweigen.

Stapel – auf dem Balkon

Ein Totholzstapel ist nicht nur für den Garten eine Bereicherung. Auch auf dem Balkon kann er als Wohnung für zahlreiche Tiere dienen. Getreu dem Motto »klein, aber fein« können mehrere Äste aufeinandergelegt werden. Als statischer und ästhetischer Rahmen eignen sich Holzkisten. Sie sorgen dafür, dass nichts ins Rutschen gerät, die Zehen heil und die Tiere ungestört bleiben. Die Kisten lassen sich wiederum übereinanderstapeln. Wie wäre es mit unterschiedlichen Füllungen? Eine Kiste mit Ästen, eine mit Zweigen, eine mit Nisthilfen – oder nach Lust und Laune gemischt.

Auf dem Balkon zersetzt sich das Holz durch den fehlenden Kontakt zum Erdreich und die geringeren Einflüsse der Witterung langsamer als im Garten. Das kommt im Holz nistenden Bienen und Wespen zugute. Denn ein trockener Standort sorgt dafür, dass Nisthilfen in Form von Bohrungen im Hartholz lange bewohnbar bleiben. Feuchtigkeit im Holz vergrößert hingegen das Risiko, dass Holz splittert und dass durch Pilzbefall der Nachwuchs stirbt.

In einem Totholzstapel lassen sich Hölzer jeder Form und Farbe verwenden (links). Pilze, wie diese Schüpplinge *(Pholiota)*, bereichern den Totholzstapel farbenfroh (rechts).

Stapel

Wem das Häufen zu unordentlich ist, dem bleibt immer noch das Stapeln. Je nach Holzart und Standort, ist das Bauwerk mehr oder weniger langlebig. Bei dünnem und weichem Holz sowie einem feuchten und schattigen Standort läuft die Zersetzung schneller ab als bei dickem und hartem Holz sowie einem trockenen und sonnigen Standort. Die Mischung macht den Stapel zu einem vielseitigen Lebensraum.

Damit für Mensch und Tier keine Gefahr vom Stapel ausgeht, sollte er von beiden Seiten gestützt werden. Dicke, im Boden verankerte Äste sind dafür bestens geeignet. Noch dazu bereichern sie den Garten mit stehendem und unterirdischem Totholz. Das freut im Holz nistende Bienen und Käfer genauso wie Spechte, die sich einen Leckerbissen herauspicken.

Nimmt man es mit der Ordnung nicht allzu genau, kann der Stapel aus Hölzern in verschiedener Größe und von verschiedenen Baumarten bestehen. Die Bewohner werden es danken. Unterschiedlich große Zwischenräume bieten Tieren vom kleinen Käfer bis zur großen Fledermaus ein Versteck. Auf Hölzern, die vorwitzig aus dem Stapel herausragen, lassen sich Reptilien für ein Sonnenbad nieder. Und die Verwendung verschiedener Baumarten kommt Pilzen zugute. Denn viele von ihnen sind auf eine Baumart spezialisiert.

Wie beim Totholzhaufen gilt auch beim Totholzstapel: Eine Drainage verhindert Staunässe und ein ungehinderter Kontakt zum Erdboden erleichtert Bodenlebewesen die Besiedlung. Insekten wie der Hirschkäfer profitieren davon, wenn die unterste Schicht der Hölzer im Boden eingegraben ist. In solchen vom Menschen bereitgestellten Käferwiegen (siehe Seite 77) kann die nächste Generation ungestört heranwachsen.

Stümpfe und Stämme

Stirbt im Garten ein Baum, macht er Platz für neues Leben. Auch wenn sich die Fällung nicht verhindern lässt, bietet der Baumstumpf noch vielfältige Lebensräume. In Bodennähe herrscht ein feuchtes Klima, weiter oben hingegen ein trockenes. Als Faustregel gilt: Je dicker und je höher ein Stumpf ist, desto größer kann die Artenvielfalt in und auf ihm sein. Ist der Griff zur Motorsäge unumgänglich, sollte sie also möglichst hoch angesetzt werden.

Muss ein Baumstumpf den Platz räumen, können die Wurzeln getrost im Boden bleiben. Das spart nicht nur Zeit und Kraft, sondern kann Leben retten. Vor allem die Wurzeln von alten, kranken und vor geraumer Zeit gefällten Bäumen sind von zahlreichen Tieren besiedelt. Entfernt man die Wurzeln, verlieren sie sowohl ihren Lebensraum als auch ihre Nahrungsgrundlage.

Holzschnitzel – ein ordentliches Käferparadies

Das Surren des Häckslers ist Musik in den Ohren eines ordnungsliebenden Gärtners. Füttert man die nimmersatte Maschine mit Ästen, Zweigen, Rinde oder sogar Laub, spuckt sie unermüdlich kleine Stückchen aus. Die lassen sich anschließend gleichmäßig als Mulch auf den Beeten verteilen oder werden im Komposthaufen zu Humus. So verlockend das Häckseln für viele Menschen ist, so verhängnisvoll ist es für viele Tiere. Zum einen sind da jene Tiere, die im wahrsten Sinne des Wortes durch den Wolf – oder den Häcksler – gedreht werden. Eine gefährliche, wenn nicht sogar die letzte Erfahrung im ohnehin kurzen Leben eines kleinen Krabbeltieres. Zum anderen sind da die Tiere, die vergeblich nach dem traditionellen Holzhaufen suchen. Zu viel der Ordnung bekommt überwinternden Igeln ebenso wenig wie nistenden Rotkehlchen.

Doch es gibt noch andere Tiere: die Kellerbewohner des Waldes. Sie mögen es dunkel, feucht und modrig. Die Rede ist von Käfern, die in unterirdischem Totholz zuhause sind. Neben dem Hirschkäfer und dem Balkenschröter (siehe ab Seite 73 und Seite 78) tummeln sich dort zum Beispiel Rosenkäfer und Nashornkäfer. Während man sie im Wald an den Wurzeln oder im Holz toter Bäume findet, leben sie in Parks und Gärten auch in Hackschnitzelhaufen oder Flächen mit Häckselgut.

Bei den Insekten ist heimisches Laubholz beliebter als Nadelholz. Um den Bedürfnissen gerecht zu werden, können abschnittsweise auch unterschiedliche Holzarten Verwendung finden. Die Schicht sollte 20 bis 30 Zentimeter dick sein. Im Laufe der Jahre sackt die Holzschnitzelschicht in sich zusammen. Deswegen ist alle zwei bis drei Jahre die Zeit zum Auffüllen gekommen. Die alten Hackschnitzel können – und sollen sogar – an Ort und Stelle bleiben. Denn in ihnen wächst mit etwas Glück bereits die nächste Generation von Hirschkäfern und Co. heran.

Totholz im Garten – woher nehmen?

Holz hat einen Vorteil – es wächst nach – und einen Nachteil – es wächst langsam. Der Bau von Totholzhecken oder Hackschnitzelwegen verschluckt mehr Material, als man erwarten mag. Zwar fällt in den meisten Gärten bei

der Pflege von Bäumen und Hecken regelmäßig Schnittgut an, doch zur Verwirklichung solcher Großprojekte reicht es oft nicht. Wer dennoch nicht darauf verzichten möchte, braucht nicht zwangsläufig jahrelange Geduld. Oft ist das benötigte Material nicht weit. Viele Hobbygärtner oder Berufsgärtner bringen ihr Schnittgut auf den Recyclinghof oder lassen es abholen. Es stattdessen an den Nachbarn abzugeben, spart nicht nur Zeit, sondern meist auch Geld. Schließlich ist das Abgeben von Schnittgut häufig kostenpflichtig. Das Verschenken lohnt sich somit für beide Seiten.

Diese Variante ist nicht nur finanziell sinnvoll, sondern auch ökologisch. Denn wenn wir das Holz kaufen, kommt es, klar, aus dem Wald. Die steigende Nachfrage setzt den Wald zunehmend unter Druck. Um den Hunger nach Holz zu stillen, werden immer mehr Gebiete von der Holzindustrie erobert und immer weniger Bäume bleiben zurück. Neben den Stämmen werden heute vielerorts auch Äste, Zweige und sogar Laub aus dem Wald geschafft. Das trägt dazu bei, dass Totholz in den Wäldern zur Seltenheit wird. Deswegen ist es wichtig, dass wir Totholz schützen – im Wald genauso wie im Garten.

Die Autorin

Seit meiner Kindheit streife ich mit der Kamera durch Wälder, über Wiesen und entlang von Flüssen. Schon früh hat mich die Natur in ihren Bann gezogen – ihre leisen Geschichten, ihre kleinen Wunder und die unzähligen Lebewesen, die oft übersehen werden. Als ich als Jugendliche schließlich meine erste Spiegelreflexkamera in den Händen hielt, war klar: Diese Faszination würde mich nie wieder loslassen.

Mit der Begeisterung für die Fotografie wuchs noch etwas anderes: der Wunsch, die Natur nicht nur zu dokumentieren, sondern sie zu schützen. Heute verbinde ich beides miteinander. Als Naturfotografin und Autorin setze ich mich mit Herz und Stimme für den Natur- und Tierschutz ein. Mit meinen Bildern und Geschichten mache ich die kleinen und großen, unscheinbaren und auffälligen Bewohner um uns herum sichtbar.

Als Geschichtenerzählerin über die Wunder der Natur bin ich deutschlandweit unterwegs und nehme Menschen bei Vorträgen mit auf eine Reise in die verborgenen Welten direkt vor unserer Haustür. Ich unterstütze und initiiere Naturschutzprojekte, weil mir wichtig ist, dass Begeisterung auch in konkretes Handeln mündet. Besonders am Herzen liegt mir dabei die Arbeit mit Kindern: Wenn ihre Augen zu leuchten beginnen, weil sie einen Käfer entdecken, eine Feder finden oder die Geschichten der Natur hören, dann wächst die nächste Generation von Menschen heran, die unsere Erde schützen möchten.

Beim Fotografieren begegnet mir nicht nur Schönheit. Ich sehe auch, wie verletzlich unsere Natur geworden ist: Wälder, die unter Trockenheit leiden, Wiesen, denen die Vielfalt fehlt, Flüsse, die ihren Rhythmus verlieren. Angesichts von Artensterben und Klimakrise ist es für mich wichtiger denn je, dass wir lernen, der Natur wieder Raum zu geben – sie Natur sein zu lassen.

Auf meinem Weg durfte ich immer wieder Menschen begegnen, die an mich geglaubt, mich ermutigt und mir Türen geöffnet haben. Einer von ihnen war Wolfgang Hertling. Wolfgang schenkte mir als Geschäftsführer des pala-verlags etwas Unbezahlbares: Vertrauen. Er gab mir die Chance, mit »Wunderwelt Totholz« mein erstes Buch zu schreiben. Der Grundstein, auf dem weitere Buchprojekte aufbauten und auf dem Schritt für Schritt mein Traum von einer Arbeit für den Schutz der Natur emporwuchs.

Wolfgang ist im vergangenen Jahr verstorben. Doch die Fundamente, die er gebaut hat, tragen und wirken bis heute.

Weitere Einblicke in meine Arbeit gibt es auf meiner Website:
www.farinas-fotokunst.de

Naturschutz und Gestaltung im Garten

Farina Graßmann:
Wunderwelt heimische Amphibien
ISBN: 978-3-89566-419-9

Farina Graßmann:
Wunderwelt Moor
ISBN: 978-3-89566-431-1

Werner David:
Lebensraum Totholz
ISBN: 978-3-89566-270-6

Dirk A. Diehl:
Ein Garten für Fledermäuse
ISBN: 978-3-89566-311-6

Weitere Bücher aus dem pala-verlag

Werner David:
Fertig zum Einzug:
Nisthilfen für Wildbienen
ISBN: 978-3-89566-358-1

Sigrid Tinz:
Haufenweise Lebensräume
ISBN: 978-3-89566-389-5

Michael Altmoos:
Der Moosgarten
ISBN: 978-3-89566-387-1

Ulrike Aufderheide:
Tiere pflanzen
ISBN: 978-3-89566-388-8

Gesamtverzeichnis bei:
pala-verlag, Königstraße 43, 26180 Rastede, www.pala-verlag.de

Bibliografische Information der Deutschen Nationalbibliothek
Die Deutsche Nationalbibliothek verzeichnet diese Publikation in der Deutschen Nationalbibliografie;
detaillierte bibliografische Angaben sind im Internet unter http://dnb.d-nb.de abrufbar.

ISBN: 978-3-89566-401-4

www.pala-verlag.de
2. überarbeitete und aktualisierte Auflage 2026
pala-verlag als Imprint der ökobuch Verlag GmbH
Königstraße 43, 26180 Rastede

Bildnachweis:
alle Fotos: Farina Graßmann
Umschlagfotos: Farina Graßmann
www.farinas-fotokunst.de

Lektorat und Gestaltung: Angelika Eckstein

Druck und Bindung: Grafisches Centrum Cuno, Calbe
Printed in Germany

Gedruckt auf
100% Recyclingpapier